Alireza Jafari
Seyed Ahmad Alavi

Crescita intelligente contro lo sprawl

Alireza Jafari
Seyed Ahmad Alavi

Crescita intelligente contro lo sprawl

ScienciaScripts

Imprint

Any brand names and product names mentioned in this book are subject to trademark, brand or patent protection and are trademarks or registered trademarks of their respective holders. The use of brand names, product names, common names, trade names, product descriptions etc. even without a particular marking in this work is in no way to be construed to mean that such names may be regarded as unrestricted in respect of trademark and brand protection legislation and could thus be used by anyone.

Cover image: www.ingimage.com

This book is a translation from the original published under ISBN 978-3-330-32084-0.

Publisher:
Sciencia Scripts
is a trademark of
Dodo Books Indian Ocean Ltd. and OmniScriptum S.R.L publishing group

120 High Road, East Finchley, London, N2 9ED, United Kingdom
Str. Armeneasca 28/1, office 1, Chisinau MD-2012, Republic of Moldova, Europe
Printed at: see last page
ISBN: 978-620-7-27022-4

Questa pagina è stata lasciata intenzionalmente in bianco

Contenuti

Capitolo 1. SPRAWL

Che cos'è lo Sprawl?

Secondo Gregory Squires, curatore di *Urban Sprawl: Causes, Consequences, and Policy Responses,* "lo sprawl può essere definito come un modello di crescita urbana e metropolitana che riflette un nuovo sviluppo a bassa densità, dipendente dalle automobili ed escludente, ai margini delle aree abitate che spesso circondano una città in degrado" (2002:2). Le caratteristiche spesso associate allo sprawl sono molteplici, tra cui, a titolo esemplificativo e non esaustivo:

l'estensione incontrollata dello sviluppo verso l'esterno; lo sviluppo abitativo e commerciale a bassa densità; lo sviluppo a macchia d'olio, le "città di frontiera" e, più recentemente, le "città senza frontiera"; la frammentazione della pianificazione dell'uso del territorio tra più comuni; la dipendenza dall'automobile privata per i trasporti; le grandi disparità fiscali tra i comuni; la segregazione dei tipi di uso del territorio; l'esclusione abitativa e occupazionale basata sulla razza e sulla classe; la congestione e il danno ambientale; il calo del senso di comunità tra i residenti della zona. (Squires, 2002:2)

"La presenza dello sprawl può sembrare ovvia quando si passa davanti a un centro commerciale suburbano, ma misurare effettivamente i modelli di sviluppo per un'analisi empirica è un'impresa molto impegnativa e complessa a causa della natura multiforme dello sprawl" (Ewing et al., 2003:9). A tal fine, Ewing, Pendall e Chen hanno sviluppato un indice composto da quattro fattori basati su 22 variabili per caratterizzare empiricamente e operativamente il grado di espansione di una città. Questi quattro fattori, la densità residenziale, il mix di posti di lavoro, abitazioni e servizi nei quartieri, la forza dei centri di attività e dei centri storici e l'accessibilità delle reti stradali, contribuiscono a definire meglio lo sprawl per ottenere un "quadro dettagliato di come si presenta lo sviluppo in espansione nelle varie aree metropolitane" (Ewing et al., 2003:9).

Il primo di questi fattori, la densità residenziale, è ritenuto da molti studiosi la misura più adeguata dello sprawl. I livelli di densità residenziale si misurano calcolando la quantità di unità abitative per acro. Le aree in espansione sono caratterizzate da bassi livelli di densità abitativa e sono spesso caratterizzate da "suddivisioni suburbane sparse" (Ewing et al., 2003:9). All'interno di queste aree sprawling, i residenti devono percorrere in auto distanze talvolta significative per raggiungere il posto di lavoro, la scuola o il centro commerciale. Questa separazione di destinazioni d'uso non solo crea

3

frustrazione per gli automobilisti, ma anche uno "squilibrio tra posti di lavoro e alloggi" all'interno della comunità (Ewing et al., 2003:10). Mescolando gli usi del suolo, questi siti possono essere collocati più vicino alle abitazioni e limitare in modo significativo i tempi di guida per i residenti di una comunità. Il secondo fattore, il mix di posti di lavoro, abitazioni e servizi nel quartiere, calcola la quantità di usi misti del territorio all'interno di una determinata area. Le comunità con bassi livelli di uso misto del suolo tendono ad essere quelle più disordinate.

Centri metropolitani e downtown forti contribuiscono a rafforzare l'ambiente commerciale di una comunità, a migliorare le opportunità di svago e intrattenimento per i residenti e a fornire numerose alternative di trasporto per l'area. Il terzo fattore calcola la forza dei centri di attività e dei centri storici misurando queste concentrazioni. Le aree in espansione non hanno centri metropolitani forti, ma piuttosto "centri a striscia infinita" situati lungo le principali autostrade all'interno della comunità, come dimostrano comunità come la mia città natale, Birmingham, in Alabama.

Sebbene sia documentato che i residenti delle aree in espansione guidano di più rispetto a quelli delle aree sviluppate in modo più compatto, spesso hanno difficoltà a percorrere le strade della loro comunità. Questo problema persiste in molte comunità in espansione a causa dei bassi livelli di connettività stradale. In parole povere, per andare dal "punto A" al "punto B" i pendolari delle comunità in espansione devono percorrere rotatorie. Il quarto fattore, l'accessibilità delle reti stradali, misura il grado di connettività stradale all'interno di una determinata area. I residenti di comunità con bassi livelli di connettività stradale dovranno sopportare tempi di percorrenza più lunghi per percorrere brevi distanze rispetto ai residenti di comunità con alti livelli di connettività stradale.

Le cause dello sprawl

Risultato di molti fattori che hanno contribuito al movimento suburbano iniziato alla fine del 19th secolo, l'espansione urbana ha iniziato a inghiottire il paesaggio americano dopo la Seconda Guerra Mondiale. La preferenza dei residenti della classe media e alta a trasferirsi dalla città ai sobborghi non deve essere attribuita esclusivamente alla causa dell'espansione urbana. Piuttosto, i catalizzatori del movimento, come le politiche abitative federali, il sistema interstatale e la frammentazione municipale, hanno dato agli sviluppatori l'impulso a costruire le grandi comunità in stile "salto mortale" per le quali lo sprawl è comunemente definito.

4

Politica abitativa

Forse il più grande facilitatore dello sprawl è stato il governo federale degli Stati Uniti. In risposta alla Grande Depressione degli anni '30, il governo federale creò un'agenzia nota come Home Owners Loan Corporation. Sebbene la HOLC non sia riuscita a portare a termine il compito che le era stato affidato (creare posti di lavoro attraverso i mutui per la casa), ha stabilito un sistema di valutazione che è stato adottato da molte delle istituzioni finanziarie responsabili dei mutui per la casa. L'HOLC utilizzava diversi fattori per determinare il valore monetario delle case e dei quartieri di una determinata area. Oltre alla densità della popolazione, all'età del patrimonio abitativo e alla vicinanza ai servizi ricercati, il sistema universale di valutazione dell'HOLC includeva le caratteristiche razziali come indicatore della qualità del quartiere (Jackson, 1985).

Non molto tempo dopo la definizione indiretta degli standard di valutazione dell'HOLC, fu creato un altro ente governativo, la Federal Housing Administration, per assicurare finanziariamente i prestiti concessi ai cittadini dagli investitori ipotecari. Assumendo tutti i rischi dalle banche, la FHA permise a questi istituti di ridurre gli acconti e di allungare i periodi di prestito. Grazie a queste procedure, i tassi di interesse scesero. Il mercato immobiliare divenne sempre più facile da raggiungere e gran parte della classe operaia poteva ora permettersi di acquistare la propria casa a costi inferiori o equivalenti a quelli dell'affitto della residenza precedente. Secondo il Bio-Diversity Project (BDP), il codice fiscale federale consente ai proprietari di case di dedurre l'importo degli interessi pagati sul mutuo, "sovvenzionando così i proprietari di case rispetto agli affittuari, e quindi i sobborghi rispetto alle aree urbane" (2001:3). Inoltre, nel 1951, l'Internal Revenue Service ha adottato una prassi che consentiva ai proprietari di case di essere esentati dall'imposta sulle plusvalenze sulla vendita della casa se l'acquisto successivo era di valore uguale o superiore. "Attraverso vari tipi di sussidi e di finanziamento delle infrastrutture, i sobborghi sono stati ampliati per la classe media a scapito dei mercati del centro città" (Burchell et al., 2000: 822). Un'ondata di persone ha abbandonato la città alla ricerca di case unifamiliari in comunità tranquille.

Sorprendentemente, i prestiti non furono concessi a tutti. Jackson afferma, nel suo libro *Crabgrass Frontier:* "La FHA temeva che un'intera area potesse perdere il suo valore d'investimento se non si fosse mantenuta una rigida separazione tra bianchi e neri" (1985:208). Temendo una diminuzione del valore dei terreni e dell'interesse delle famiglie bianche a vivere in comunità con famiglie di colore, le banche evitarono di prestare denaro ai neri. Anzi, furono incoraggiate a continuare questa pratica dal governo federale, perché il FHA permetteva loro di usare patti razziali per mantenere l'omogeneità razziale. Allo stesso tempo, le famiglie a basso e moderato reddito, in maggioranza nere, "furono incoraggiate a rimanere nelle città centrali attraverso programmi di edilizia pubblica e di costruzione di case in affitto e di proprietà" (Burchell et al., 2000:822; von Hoffman, 1996). Gli effetti di questa politica risuonano anche nel presente, dato che i neri costituiscono la maggioranza dei residenti nei centri urbani, mentre la maggioranza dei residenti nei sobborghi è bianca.

L'automobile e il sistema interstatale

Oltre alle politiche abitative federali, l'automobile consentiva ai suoi utenti di attraversare vaste aree con i propri ritmi e tempi. Le automobili si stavano diffondendo tra le famiglie americane e i veicoli più grandi, chiamati camion, erano un successo per le aziende industriali grazie alla loro capacità di trasportare grandi quantità di merci in modo più economico. Questa capacità permise ai residenti di allontanarsi dalla città per stabilirsi nei sobborghi e all'industria di deconcentrarsi, spostando i propri impianti ai margini della città e operando come piccole comunità funzionali.

Negli anni Cinquanta, il governo federale ha avviato una massiccia iniziativa di investimento pubblico nelle infrastrutture stradali e autostradali. Creò un sistema interstatale, 41.000 miglia di strade rese possibili grazie all'uso delle entrate generali dei contribuenti. Questa iniziativa ha consolidato l'uso dell'automobile come principale fonte di trasporto e ha scoraggiato il finanziamento pubblico dei sistemi di trasporto di massa. Nel periodo compreso tra il 1960 e il 1990, sono stati spesi oltre 650 miliardi di dollari per costruire e migliorare il sistema autostradale federale, mentre solo 85 miliardi di dollari sono stati spesi per sostenere la costruzione e la manutenzione dei sistemi di trasporto pubblico (BDP, 2001). Questa tendenza di spesa è continuata e si è addirittura rafforzata nel corso dell'ultimo decennio. Dal 1996, la spesa federale per le alternative di trasporto è diminuita del 19%, mentre la spesa federale per il miglioramento delle autostrade e l'ampliamento delle strade è aumentata del 21% (BDP, 2001). In effetti, questa spesa ha sovvenzionato e incoraggiato gli spostamenti in automobile e, di conseguenza, ha scoraggiato la necessità per gli sviluppatori di concentrarsi sullo sviluppo compatto.

Inoltre, negli ultimi decenni i costi di trasporto sono diminuiti. In passato, le imprese sceglievano di localizzarsi in aree che riducevano al minimo i costi totali di trasporto. Tuttavia, le nuove tecnologie consentono oggi di spedire le merci a basso costo o senza alcun costo. Inoltre, il passaggio da un'industria basata in gran parte sull'estrazione di materie prime è stato sostituito da una focalizzazione sulla produzione di attività ad alto valore aggiunto, al fine di adattarsi al nuovo mercato globale. Di conseguenza, i costi di produzione di un'azienda sono ora superiori ai costi di trasporto. Senza dare la massima priorità ai costi di trasporto, le imprese sono diventate "libere di muoversi", consentendo loro di localizzarsi ovunque scelgano. A causa dell'elevata priorità attribuita alla produzione di queste attività ad alto valore aggiunto, le imprese ora vanno dove il mercato del lavoro è più forte. Pertanto, molte aziende scelgono di localizzarsi in comunità suburbane per attrarre i dipendenti più qualificati e altamente qualificati (Hall, 2006).

Frammentazione comunale

L'area di espansione suburbana era ormai diventata un gioco da ragazzi per il pubblico in generale, almeno per coloro che potevano permettersi di trasferirsi (Jackson, 1985). [th]Quando nella seconda metà del XX secolo cominciarono a formarsi e a crescere altre aree residenziali suburbane, queste comunità iniziarono a prendere le distanze dalle città centrali, incorporandosi nelle proprie città. Con questa mossa, queste comunità, per lo più bianche e più ricche, potevano ora riscuotere le proprie tasse, fornire i propri servizi pubblici e incoraggiare il proprio sviluppo economico senza l'influenza della città più grande che circondavano. Pertanto, la frammentazione delle nuove municipalità incorporate aumentò ulteriormente la stratificazione di classe e razziale. Molte comunità hanno anche sviluppato politiche di zonizzazione che richiedevano strade larghe, arretramenti di grandi lotti e ordinanze sui parcheggi che favorivano i grandi centri commerciali (BDP, 2001). Inoltre, le nuove abitazioni costruite alla periferia di queste comunità sono destinate solo a chi ha un reddito medio e medio-alto. Chi è ricco continuerà ad allontanarsi dalla città, creando ancora più nuove comunità che finiranno per incorporarsi, erodendo così ulteriormente la base imponibile sempre più ridotta del centro città (Jargowsky, 2002).

Gli effetti dello sprawl

Gli effetti dello sprawl sulle comunità di una determinata regione metropolitana degli Stati Uniti sono abbondanti e di ampia portata. Dai problemi di salute pubblica all'inquinamento ambientale, dalle alte concentrazioni di povertà e stratificazione della ricchezza all'inadeguatezza dei servizi pubblici, la società in espansione riduce la capacità dei suoi cittadini di ricevere servizi equi. Lo sprawl ostacola la costruzione e la manutenzione delle infrastrutture necessarie allo sviluppo, come strade e fognature, e impedisce al sistema

7

scolastico pubblico americano di fornire a tutti i cittadini pari opportunità di ricevere un'istruzione adeguata.

Effetti sulla salute pubblica

Con la continua crescita delle aree metropolitane, i problemi di salute pubblica aumentano e si intensificano. I quartieri in espansione, con grandi lotti e alberi come confini, isolano socialmente una famiglia dall'altra. Molte aree urbane sono costruite al massimo della loro capacità, senza spazi verdi. Questo, a sua volta, limita le opportunità di attività ricreative all'interno dei quartieri e delle aree urbane. In particolare, coloro che hanno più tempo da dedicare alle attività ricreative, i bambini, hanno meno opportunità di fare esercizio fisico, di giocare all'aperto con gli amici o di sviluppare un senso di indipendenza (Helling, 2002). Il declino della salute generale degli abitanti delle periferie, unito al fatto che i residenti delle periferie sono più capaci di pagare i servizi sanitari, ha creato un incentivo per gli operatori sanitari a lasciare la città centrale e a trasferirsi nelle periferie. Di conseguenza, i residenti dei ghetti poveri della città perdono l'accesso agli operatori sanitari e questo, unito all'alta densità di popolazione dei centri urbani, crea un'atmosfera in cui le malattie si diffondono più facilmente (Shobba et al., 2003).

Lo studio sull'indice di sprawl condotto da Ewing, Pendall e Chen ha mostrato una forte relazione tra la quantità di sprawl all'interno di un'area e la quantità di inquinamento che colpisce quell'area in relazione ai vari livelli di ozono. Per ogni aumento di 25 punti (che indica meno sprawl) nel punteggio di sprawl di una città, i livelli massimi di ozono (quelli considerati più pericolosi nella scala di rilevamento dell'ozono) di quella città sono diminuiti in media di 7,5 parti per miliardo (2003). Inoltre, i livelli massimi di ozono tra le aree a maggiore espansione e quelle a minore espansione differivano in media di 41 parti per miliardo (2003). Secondo lo studio, gli elevati livelli di ozono "hanno dimostrato di essere pericolosi per i bambini, gli anziani, i soggetti affetti da asma e altre popolazioni vulnerabili" (2003:21).

I modelli di sviluppo disomogenei aumentano l'uso dell'automobile. Il risultato di questo aumento è multiforme. L'aumento dell'uso dell'automobile provoca il deterioramento dell'ozono e lo smog che, a loro volta, mettono a rischio le persone di sviluppare disturbi respiratori e cancro della pelle (BDP, 2001). Ogni anno, le automobili emettono oltre 60 milioni di tonnellate di monossido di carbonio (BDP, 2001). Il monossido di carbonio, un gas altamente tossico, è stato associato a problemi quali disturbi visivi, riduzione della funzionalità muscolo-motoria e, in dosi elevate, l'esposizione al monossido di carbonio può essere fatale (BDP, 2001). In generale, gli inquinanti atmosferici emessi dalle automobili sono responsabili di 20.000-40.000 casi annui di malattie respiratorie croniche (Institute for Transportation Standards, 1995). Inoltre, vale la pena di notare che il tempo supplementare trascorso alla guida o in auto riduce la quantità di tempo a disposizione per camminare o partecipare ad attività ricreative. Questa tendenza allarmante è considerata un fattore che contribuisce all'epidemia di obesità a livello nazionale.

Effetti sul trasporto

Secondo Ewing, Pendall e Chen (2003), le città con bassi punteggi di fattore (che indicano una maggiore dispersione), calcolati utilizzando il loro indice di dispersione a quattro fattori, osservano una diminuzione di oltre il 250% nella quantità di residenti che si recano al lavoro utilizzando modalità di trasporto pubblico rispetto alle città con punteggi di fattore elevati. Per ogni aumento di 25 punti del fattore di densità residenziale di una città (che si dà il caso sia una scala infinita), la percentuale di persone che scelgono di utilizzare i mezzi di trasporto pubblico è aumentata del 3% (Ewing et al., 2003).

Inoltre, "i luoghi in espansione hanno maggiori probabilità di avere più incidenti stradali pro capite rispetto alle regioni più compatte, a causa dei tassi più elevati di utilizzo dei veicoli e forse di una guida più aggressiva" (Ewing et al., 2003). Ad esempio, nella regione più estesa secondo lo Sprawl Index di Ewing et al., Riverside, CA, il tasso di incidenti stradali mortali è di 18 ogni 100.000 residenti all'anno. Nelle regioni meno estese, il tasso scende a 8 ogni 100.000 residenti (2003). Inoltre, le comunità con alti livelli di densità residenziale e forti centri metropolitani possono aspettarsi di avere una media di 5 incidenti mortali in meno ogni 100.000 residenti all'anno, grazie alla riduzione della velocità media del traffico, rispetto alle comunità con bassi livelli di densità residenziale e deboli centri metropolitani (Ewing et al, 2003).

Secondo il Consumer Expenditure Survey 2003 del Bureau of Labor Statistic, il Center for Neighborhood Technology (CNT) e il Surface Technology Transportation Project (STTP) riportano che "il costo della benzina e dell'olio motore rappresenta circa il 16% della spesa di una famiglia per i trasporti" (CNT/STTP, 2000:5). Se si tiene conto solo di un modesto aumento del 30% del costo di questa spesa, il costo totale della spesa annuale di una famiglia per i trasporti aumenterebbe di circa il 5% (CNT/STTP, 2000). "Ciò lascia una quota minore di reddito disponibile per altre esigenze, tra cui i risparmi per la pensione, l'aumento dei costi sanitari e i fondi per l'università" (CNT/STPP, 2000:5). A causa dell'aumento del costo del petrolio e della benzina, le famiglie a basso reddito sono maggiormente colpite. Per le famiglie con un budget limitato (sotto i 52.000 dollari), "spendere 30-50 dollari in più al mese per la benzina riduce dell'1,1% il reddito mensile di una famiglia al netto delle tasse" (CNT/STPP, 2000:10). Inoltre, le famiglie a basso reddito spendono annualmente circa il 4% del loro reddito familiare totale per le spese di petrolio e benzina, contro il 2,3% del reddito familiare speso dalle famiglie con reddito superiore ai 52.000 dollari (CNT/STPP, 2000). Se a questo si aggiunge il fatto che i redditi familiari degli operai non sono aumentati al ritmo di quelli degli impiegati, il divario tra la capacità di spesa delle famiglie a basso reddito e di quelle ad alto reddito continuerà ad aumentare (CNT/STPP, 2000).

Effetti sull'ambiente naturale

Le aree in espansione contribuiscono anche alla perdita e alla frammentazione degli habitat di molti animali e insetti. Quando i modelli di sviluppo in espansione violano gli habitat naturali, molte specie all'interno dell'area scompaiono. "Nel prossimo mezzo secolo, il 30% delle specie vegetali e animali della nazione rischia di scomparire e oltre 500 specie sono scomparse o potrebbero essere già estinte" (Ewing & Kostyack, 2005:7). Questo fenomeno si verifica perché lo sviluppo fisico di questi habitat elimina sia le enclavi in cui queste specie risiedono sia le fonti di cibo che devono consumare per vivere. Di conseguenza, queste specie devono competere per trovare riparo e cibo in una porzione di territorio molto più piccola. Di conseguenza, queste specie devono competere per le risorse dell'area, che stanno diminuendo, rischiando la morte, oppure sono costrette ad abbandonare completamente l'area.

Lo sviluppo urbano interrompe anche il ciclo naturale del nostro ecosistema. I cicli naturali degli incendi e delle inondazioni possono essere disturbati quando le foreste e i torrenti vengono cancellati per far posto a case e marciapiedi. È interessante notare che "numerose specie di piante dipendono dal fuoco per germogliare e per riciclare i nutrienti nel terreno, e la mancanza di fuoco può alterare sostanzialmente la composizione delle specie di un ecosistema" (BDP, 2001:2). Se continuiamo a svilupparci sopra le zone umide e i bacini idrografici, "perdiamo i servizi critici che questi sistemi forniscono, come il filtraggio dell'acqua potabile e il rifornimento delle falde acquifere" (BDP, 2001:2). Inoltre, quando pavimentiamo i terreni naturali, diminuiamo la capacità del terreno di assorbire l'acqua e quindi "aumentiamo il tasso di deflusso dell'acqua dalle tempeste e dallo scioglimento delle nevi" (BDP, 2001:2). L'eccesso di deflusso aumenta il tasso di inondazione in una determinata area. Inoltre, è probabile che questo deflusso trasporti le varie sostanze chimiche, i veleni e l'inquinamento generati dalla vita in periferia.

I modelli di sviluppo estensivo riducono anche la quantità di terreni agricoli e di spazi aperti a disposizione della società. Solo nell'ultimo decennio, gli Stati Uniti hanno perso oltre 1 milione di acri di terreni agricoli a favore degli usi urbani (BDP, 2001). Di conseguenza, la quantità di terreni agricoli coltivabili diminuisce e le mandrie di animali che un tempo si aggiravano in queste aree di campi vengono spostate. Se non cambiano i modelli di sviluppo, questa tendenza è destinata a continuare. I terreni agricoli sono solitamente situati in appezzamenti pianeggianti e vicini a fonti d'acqua. Purtroppo, questi appezzamenti sono anche appetibili per i costruttori. Altri spazi aperti all'interno o adiacenti allo sviluppo urbano e suburbano, come parchi, prati e boschi, forniscono habitat per animali e insetti, nonché elementi naturali da utilizzare e godere. Troppo spesso, i modelli di sviluppo in espansione eliminano questi spazi. Secondo un rapporto pubblicato dal Transit Cooperative Research Program (TCRP), "nei prossimi 35 anni, gli Stati Uniti convertiranno 18,8 milioni di acri di terreni agricoli e spazi aperti" per usi residenziali, commerciali e di intrattenimento (2002:9). Questo numero è "determinato traducendo le proiezioni sulle famiglie e sull'occupazione del Center for Urban Policy Research in domanda di terreni residenziali e non residenziali" (TCRP, 2002:9).

Effetti degli immobili sfitti su una città

Secondo la National Vacant Properties Campaign (NVPC), le proprietà sfitte possono essere definite come:

Edifici abbandonati e sbarrati; lotti inutilizzati che possono attirare rifiuti o detriti; proprietà commerciali vacanti o sottoutilizzate, note come "greyfields" (come centri commerciali sottoaffittati e proprietà commerciali a strisce); e proprietà industriali trascurate con contaminazione ambientale, note come "brownfields" (2005:1).

Le ragioni per cui un immobile viene abbandonato sono molteplici, ma la più diffusa è che l'immobile abbandonato costa più della locazione e della manutenzione rispetto al valore effettivo dell'immobile stesso. "L'aspetto più importante per una città che si trova ad affrontare problemi di abbandono è che più a lungo una proprietà rimane abbandonata, più alti sono i costi di ristrutturazione" (NVPC, 2005:2). Pertanto, le amministrazioni locali devono affrontare i problemi causati dalle proprietà abbandonate perché possono imporre numerosi costi alla città. Le proprietà abbandonate mettono a dura prova le risorse del dipartimento dei vigili del fuoco, con l'aumento degli incendi accidentali e degli incendi dolosi, del dipartimento di polizia, che risponde all'aumento delle attività criminali, e del dipartimento sanitario, a causa dell'aumento della spazzatura e delle infestazioni di roditori. Le proprietà sfitte riducono anche il gettito delle imposte sulla proprietà e sulle vendite di una città. Innanzitutto, molte di queste proprietà sono considerate morose. I diritti sulle proprietà in stato di morosità fiscale vengono trasferiti al Comune, che deve quindi cercare di vendere la proprietà a un potenziale inquilino. In secondo luogo, "le proprietà sfitte generano poche tasse - ma, cosa forse più importante, sottraggono valore alle case e alle aziende circostanti" (NVPC, 2005:9). Le proprietà sfitte comportano anche costi aggiuntivi per i proprietari di case e attività commerciali nelle immediate vicinanze. Ad esempio, i proprietari di case e attività commerciali situate in prossimità di immobili abbandonati possono aspettarsi un aumento dei premi assicurativi (NVPC, 2005). Le proprietà abbandonate incidono sulla qualità della vita dei residenti e degli affittuari circostanti, costringendoli ad abbandonare l'area, con il risultato di ulteriori immobili sfitti. Se non viene affrontata, questa tendenza può essere difficile da invertire per una città.

Effetti sulla stratificazione sociale e sulla frammentazione del governo

Anche con il declino della segregazione residenziale lungo le linee razziali negli ultimi 30 anni, la concentrazione di povertà nelle città centrali è aumentata. Secondo Jargowsky, coloro che potevano permettersi di sfuggire ai confini della città e trasferirsi nel paesaggio suburbano in espansione lo hanno fatto. Anche se ora un numero minore di persone vive nel centro della città, quelle rimaste sono per lo più povere. Tuttavia, le nuove abitazioni costruite alla periferia della regione in espansione tendono ad avere prezzi elevati e a rivolgersi a residenti della classe media e medio-alta (2002). Di conseguenza, i recenti emigrati che si sono stabiliti nelle abitazioni dei sobborghi dell'anello interno potrebbero presto trovarsi in una posizione simile a quella che hanno lasciato di recente.

Inoltre, le nuove comunità suburbane che si formano a causa dello sprawl tendono a incorporarsi, provocando così la frammentazione dei comuni. Senza la possibilità di riscuotere le tasse dagli individui più ricchi che un tempo risiedevano entro i confini della città, le basi imponibili delle comunità interne continueranno a erodersi. Sebbene questa tendenza faciliti ogni periferia a governarsi da sola, la frammentazione municipale incoraggia le periferie a competere tra loro per ottenere un gettito fiscale sufficiente a fornire adeguatamente i servizi desiderati ai propri residenti (Orfield, 2002). Pertanto, la competizione tra i comuni diventa un gioco a somma zero. I comuni che sono in grado di attirare nuove attività commerciali nella loro comunità ne traggono un vantaggio finanziario, mentre le comunità che perdono queste gare d'appalto per lo sviluppo subiscono una perdita di entrate potenziali. Di conseguenza, la città e i sobborghi circostanti che non sono in grado di corteggiare lo sviluppo economico come fonte di entrate devono aumentare le tasse ai loro residenti.

Coloro che hanno meno reddito spendibile sono costretti a pagare di più per i servizi rispetto ai residenti dei sobborghi benestanti che hanno successo nel campo dello sviluppo economico (Orfield, 2002).

Di conseguenza, le municipalità urbane più povere devono tassare i propri residenti con aliquote più elevate per generare denaro sufficiente a coprire i costi sostenuti per fornire servizi pubblici adeguati. Anche con questi aumenti delle aliquote, Orfield (2002) mostra che negli anni '90 la crescita media della capacità fiscale (una scala utilizzata per misurare la capacità di una città di fornire servizi con il gettito fiscale generato) delle 30 maggiori città statunitensi è stata pari al 98% della crescita media della capacità fiscale delle loro regioni metropolitane nel loro complesso. Questo numero rivela una tendenza preoccupante riscontrata all'interno delle città. La lenta crescita della popolazione e, in molti casi, il declino demografico aumentano continuamente il costo pro capite della fornitura di servizi pubblici (Ladd, 1994). Inoltre, nelle aree di povertà e con un patrimonio abitativo più vecchio, i costi per la fornitura di servizi pubblici aumentano a un ritmo più veloce rispetto ai costi dei servizi pubblici nelle aree benestanti con nuove abitazioni. Ad esempio, le aree impoverite hanno tassi medi di criminalità più elevati (Orfield, 2002). Per combattere questo problema, la città deve spendere più entrate per le forze dell'ordine e per il personale. Inoltre, costa di più alle città ristrutturare il parco immobiliare e gli edifici commerciali che stanno invecchiando. Inoltre, sebbene attualmente in queste città vivano meno persone rispetto a 50 anni fa, le forniture idriche e fognarie rimangono fisse per servire una popolazione molto più numerosa (Orfield, 2002). Pertanto, gli attuali residenti devono sostenere i costi di coloro che sono emigrati in periferia.

Tuttavia, questi problemi non sono limitati alla città centrale. Sono a rischio anche i quartieri periferici più vecchi, situati vicino alla città e in fase di transizione razziale a causa della recente migrazione dalla città. Molti di questi problemi si sviluppano a causa di uno sviluppo regionale squilibrato dovuto alla dispersione urbana. Ad esempio, sebbene il 44% dei residenti delle 25 maggiori regioni metropolitane degli Stati Uniti risieda in media in queste aree, solo il 20% del totale degli uffici regionali si trova al loro interno (Orfield, 2002). Pertanto, questi comuni non hanno la capacità di generare entrate sufficienti dallo sviluppo economico per mantenere basse le aliquote fiscali. Sebbene i valori mediani delle abitazioni e i livelli di reddito mediano siano pari a quelli delle città, l'aumento della popolazione in questi sobborghi, unito alla difficoltà di ottenere entrate dallo sviluppo economico, richiede aliquote fiscali più elevate. Di conseguenza, queste comunità stanno diventando più povere, più rapidamente delle città centrali.

Anche le comunità in via di sviluppo, note come tali a causa della loro lontananza dalla città centrale, ai margini delle aree metropolitane in espansione, stanno diventando sempre più stressate dal punto di vista fiscale. Sebbene i loro residenti godano di un

Sebbene i valori mediani delle abitazioni e i livelli di reddito siano superiori a quelli della città o dei sobborghi più vecchi, i livelli di capacità fiscale di queste comunità sono simili a quelli di queste aree. Ciò è dovuto in gran parte al significativo aumento della popolazione. Negli anni '90, queste comunità hanno assorbito il 60% della crescita suburbana (Orfield, 2002). Trattandosi per lo più di comunità nuove, molte non avevano le infrastrutture necessarie per gestire l'espansione. Inoltre, un numero significativo di famiglie nelle comunità in via di sviluppo ha figli in età scolare. I livelli di popolazione tra queste comunità e le città centrali sono simili, ma le comunità in via di sviluppo hanno una media di iscrizioni scolastiche del 20% superiore rispetto alle loro controparti cittadine (Orfield, 2002). Non potendo sostenere fiscalmente l'aumento della domanda di scuole, queste comunità educano molti studenti in roulotte e rinunciano ad altri miglioramenti della comunità per pagare i costi dell'istruzione dei loro figli.

I sistemi educativi non solo creano un impulso all'espansione, ma ne soffrono anche. Orfield spiega che le aree metropolitane con alti livelli di segregazione razziale e di reddito tendono a espandersi maggiormente (2002). Più alti sono questi livelli in una determinata area, più i sobborghi tendono a fallire. Una delle ragioni principali del fallimento di questi sobborghi è il fallimento dei loro sistemi scolastici. Man mano che le scuole di queste aree, soprattutto i sobborghi più vecchi e interni, aumentano il numero di studenti poveri, la domanda di alloggi della classe media diminuisce. Ciò è dovuto in gran parte alle famiglie non povere della classe media con figli in età scolare che decidono di andarsene. Di conseguenza, la capacità fiscale di queste comunità soffre a causa della perdita di entrate della classe media. Di conseguenza, con la diminuzione delle entrate, diminuisce anche la spesa pro capite per studente.

Questa transizione avviene, in gran parte, a causa dell'afflusso di residenti appartenenti a minoranze all'interno di una comunità che era in gran parte bianca. Orfield osserva che una volta che una scuola raggiunge una soglia di minoranze del 10%-20%, il tasso di transizione esplode fino a superare l'80% (2002). È interessante notare che del 10% circa delle scuole statunitensi con livelli di iscrizione di minoranze pari o superiori all'80%, circa il 90% ha livelli di povertà superiori al 50%, mentre il 92% delle scuole a maggioranza bianca non presenta questo problema (Orfield & Yun, 1999). Anche se gli studenti poveri e appartenenti a minoranze sono costretti a studiare in scuole con finanziamenti inadeguati, questa separazione sociale lascia anche molti studenti della classe media delle comunità in via di sviluppo nelle scuole con finanziamenti insufficienti e sovraffollate.

Riassunto

Causato dalle politiche del governo federale, dalle preferenze di trasporto di aziende e privati e dalla tendenza alla frammentazione delle città suburbane, lo sprawl pone problemi alla salute della nostra società, alla capacità fiscale dei comuni e alla qualità della vita dei residenti delle città centrali e dei sobborghi. A meno che i governi locali e i loro cittadini non inizino a comprendere e ad affrontare questi problemi, l'impatto dello sprawl continuerà quasi certamente a intensificarsi. La filosofia della crescita intelligente, tuttavia, cerca di porre rimedio ai problemi derivanti dai modelli di sviluppo in espansione per migliorare la qualità della vita, rendere lo sviluppo equo, efficace ed efficiente e riportare il senso di comunità che l'espansione tende a eliminare.

Capitolo 2. Sviluppo di aree interne

Introduzione

Esiste una vasta letteratura sullo sviluppo infill, la maggior parte della quale spiega i benefici per la società associati alla crescita di tipo infill. La maggior parte della letteratura fa riferimento agli impedimenti all'infill, ma raramente spiega questi problemi in modo approfondito. La letteratura che spiega gli ostacoli è raramente accademica. La maggior parte degli studi è invece costituita da documenti aneddotici di gruppi di interesse governativi o privati che descrivono le esperienze di persone che sviluppano progetti all'interno della loro comunità o che appartengono a un gruppo di interesse. I commentatori sono in gran parte d'accordo sugli impedimenti allo sviluppo dell'infill. È difficile trovare letteratura che spieghi in modo esauriente gli strumenti politici che possono superare gli ostacoli allo sviluppo dell'infill. La maggior parte di questi documenti sono strategie di implementazione dell'infill scritte dai comuni.

Questi documenti, insieme a quelli che descrivono gli ostacoli all'insediamento, mancano di dettagli. Un esempio di questa mancanza di dettagli è la discussione sui costi di costruzione più elevati. Alcuni commentatori discutono i costi di costruzione per piede quadrato dello sviluppo dell'infill in relazione a quelli dell'edilizia monofamiliare, ma questi autori confrontano solo i costi di costruzione verticali. I costi di costruzione verticali sono solo quelli che si verificano in superficie, escludendo le infrastrutture, i parcheggi e le migliorie esterne al sito. Pertanto, questi studi non sono in grado di descrivere nel dettaglio l'intera portata delle discrepanze di costo tra lo sviluppo di edifici di nuova costruzione e l'edilizia monofamiliare. Questa tesi intende portare un livello più alto di comprensione delle spese associate allo sviluppo, suddividendo le principali componenti delle spese di sviluppo. Inoltre, le descrizioni esistenti degli strumenti politici sono vaghe; affermare semplicemente che la riduzione dei requisiti di spazio per i parcheggi o affermare che l'aiuto al finanziamento aumenta la fattibilità del progetto non consente di confrontare gli strumenti politici. Questa tesi mira a rendere più preciso questo aspetto dell'analisi.

L'analisi della letteratura si articola in tre sezioni: fattori positivi che aumentano la domanda di sviluppo dell'infill, impedimenti allo sviluppo dell'infill e strumenti politici disponibili per aiutare lo sviluppo dell'infill. Riconosco che la rassegna non è completa perché ho omesso di considerare gli ostacoli politici. L'opposizione locale a un progetto può essere un ostacolo significativo e le preoccupazioni dei residenti esistenti possono essere valide; tuttavia, ci sono limiti a ciò che posso considerare in una singola tesi. Di conseguenza, questo documento si concentra sugli ostacoli di natura quantificabile che riguardano direttamente la fattibilità economica di un progetto.

Fattori positivi per lo sviluppo di nuovi insediamenti

Non tutto è negativo quando si considera la fattibilità dello sviluppo infill. Alcune caratteristiche del mercato indicano una crescente domanda di vita urbana. "Solo un quarto delle famiglie è costituito da famiglie con bambini e le famiglie rappresentano solo il 70% di tutte le famiglie, rispetto all'81% del 1970 e al 90% del 1940. Del restante 30%, il 60% vive da solo" (Farris, 2001, p. 6). Nelson (2006) stima che i nuclei familiari composti da una sola persona aumenteranno a circa il 30% entro il 2025 (p. 394). Inoltre, Nelson spiega che una porzione maggiore della popolazione è e sarà sempre più anziana. Leinberger (2008) ribadisce i sentimenti di Nelson affermando che 850.000 persone compiranno sessantacinque anni all'anno tra il 2007 e il 2011 e che tra il 2012 e il 2020 questo numero salirà a 1.500.000 persone all'anno (p. 89). Questi dati demografici richiedono uno stile di vita urbano, quindi con l'aumento di questi segmenti della popolazione crescerà anche la domanda di vita urbana.

Oltre ai cambiamenti demografici, Nelson indica anche che "i tassi di rivalutazione dei prezzi dei condomini e delle cooperative sono sostanzialmente più alti di quelli delle case unifamiliari e delle case a schiera in tutte le regioni" (2006, p. 395). Leinberger fa eco a Nelson affermando che "le famiglie di fascia alta sembrano essere disposte a pagare gli stessi dollari assoluti per un... palazzo suburbano vicino a campi da golf e dietro cancelli sorvegliati che pagano per i condomini" (2008, p. 98). Leinberger continua citando l'esistenza di premi pagati per i condomini rispetto alle case unifamiliari su base di piede quadrato in vari mercati degli Stati Uniti e questo premio è la prova della domanda repressa di vita urbana. Leinberger non affronta la relazione inversa che esiste tra le dimensioni dell'unità e il prezzo per piede quadrato dei beni della stessa classe. Questa relazione esiste sia che si tratti di un appartamento in affitto che di un condominio in vendita o di un'abitazione in vendita. Un esempio eccellente di questa relazione è rappresentato da un complesso di appartamenti in affitto. I monolocali e gli appartamenti con una sola camera da letto hanno un affitto per piede quadrato superiore a quello delle unità più grandi, anche se l'affitto complessivo è inferiore. Lo stesso vale per i condomini in vendita nello stesso complesso. Un altro fattore da considerare quando Nelson afferma che l'apprezzamento dei prezzi dei condomini è maggiore di quello delle case unifamiliari è che l'apprezzamento si è verificato durante il frizzante mercato immobiliare dal 2002 al 2006. Questo periodo è stato caratterizzato dall'emissione di prestiti ad alto rischio. Questi prestiti hanno gonfiato artificialmente i prezzi delle abitazioni in tutti i settori e all'inizio del mercato in crescita i prezzi dei condomini erano inferiori a quelli delle case unifamiliari. Così, quando le case unifamiliari sono diventate irraggiungibili per molti americani, questi si sono accontentati dei condomini, provocando un aumento dei prezzi dei condomini. Partire da una cifra più bassa significa che lo stesso aumento in dollari dell'apprezzamento dei prezzi si tradurrà in un aumento percentuale maggiore per il bene a prezzo più basso. Nelson non dichiara se tiene conto dell'effetto delle conversioni dei condomini. Molti condomini si sono convertiti in condominio facendo raddoppiare o addirittura triplicare i valori, il che potrebbe sovrastimare il tasso di crescita delle unità condominiali.

Impedimenti allo sviluppo di nuovi insediamenti

Esistono molti impedimenti allo sviluppo dell'infill e sembra che gli autori siano molto concordi nel ritenere che i costi di costruzione siano elevati, che sia difficile ottenere finanziamenti e che manchi la domanda. La mancanza di domanda per l'infill si riferisce alla domanda attuale; al contrario, come spiegato in precedenza, i cambiamenti demografici indicano un aumento della domanda di infill nei prossimi decenni.

Mancanza di domanda - I dati demografici della popolazione statunitense stanno cambiando e molti prevedono che lo sviluppo urbano sarà un segmento di mercato in crescita nei prossimi anni. Tuttavia, attualmente la stragrande maggioranza della popolazione preferisce le abitazioni suburbane. Nelson (2006) afferma: "I sondaggi sulle preferenze abitative rilevano abitualmente che la maggior parte delle persone preferisce case unifamiliari su grandi lotti" (p. 395) e che la percentuale della popolazione che preferisce vivere in appartamenti/condomini si attesta in genere tra il 9 e il 18% (Nelson, 2006, pp. 395-396). I due sondaggi degli anni '90 che Nelson cita si sono svolti in un periodo in cui una parte significativa della popolazione del baby boom aveva ancora dei figli a casa; pertanto, man mano che questa popolazione di bambini diventa più indipendente, i baby boomers preferiranno la vita in città. Più avanti nell'articolo, Nelson cita l'Ufficio del censimento degli Stati Uniti, secondo cui nel 2003 il 25,4% della popolazione viveva in appartamenti o condomini. I sondaggi e i risultati del Censimento non si verificano nello stesso momento. È significativo sottolineare che se il 9-18% della popolazione preferisce vivere in un appartamento o in un condominio, ma il 25,4% vive effettivamente in un appartamento o in un condominio, è ragionevole supporre che una grande percentuale di questo 25,4% non sia soddisfatta della propria abitazione. È possibile che queste persone si trovino in una fase di transizione verso una vita suburbana e che preferiscano una vita suburbana.

La vita in periferia ha dei meriti; le persone cercano privacy, scuole migliori e tassi di criminalità più bassi. "Un'indagine condotta nel 1991 a Toledo (OH) su 408 venditori di case ha rilevato che i cinque motivi principali per cui ci si trasferisce sono: (1) cercare una casa più grande, (2) cercare una scuola migliore, (3) cambiare lavoro, (4) cercare una casa con uno stile migliore e (5) cercare un quartiere più sicuro" (Farris, 2001, p. 7). Le persone attribuiscono un peso maggiore ai vantaggi personali della vita in periferia rispetto ai vantaggi sociali e ambientali della vita in città. Tutti crescono con la percezione del sogno americano di possedere una casa con giardino. Il cambiamento di paradigma rispetto all'attuale percezione del Sogno Americano può essere il più grande ostacolo che lo sviluppo dell'infill deve affrontare.

Costi di costruzione - Lo sviluppo dell'insediamento è più costoso dell'edilizia monofamiliare. "I costi di costruzione sono di circa 75 dollari al metro quadro per un edificio di tre piani, 100 dollari al metro quadro per un edificio di quattro piani e 175 dollari al metro quadro per un grattacielo" (Suchman, 2002, p. 14). Tra gli edifici di media altezza e i grattacieli c'è un salto drastico nei costi di costruzione a causa del tipo di intelaiatura. In genere, l'intelaiatura in legno è adeguata fino a cinque piani o 50 piedi (Wheeler, 2001, p. 19), mentre oltre i cinque piani è necessario l'acciaio, a causa dei requisiti di resistenza. Per contro, il costo tipico di una casa unifamiliare è di 60 dollari al metro quadro. I costi di costruzione per le case monofamiliari sono significativamente più bassi rispetto a quelli per lo sviluppo di nuove aree. Questi costi si riferiscono ai costi duri verticali dell'edificio e delle unità, quindi i calcoli non includono le infrastrutture, i parcheggi, i costi soft, la bonifica ambientale e le spese di autorizzazione. I costi soft sono costi che non sono costi diretti di costruzione, tra cui finanziamenti, spese di architettura, ingegneria, spese legali e spese di marketing.

Non solo le case unifamiliari sono più economiche da costruire, ma sono anche più facili da realizzare dal punto di vista del flusso di cassa. La difficoltà di flusso di cassa dello sviluppo infill deriva dal fatto che la costruzione di tutte le unità inizia nello stesso momento, perché le unità fanno parte dello stesso edificio; mentre lo sviluppo monofamiliare può avvenire per fasi sia dal punto di vista delle infrastrutture che delle unità, riducendo il rischio di mercato e i costi di finanziamento. La possibilità di suddividere il progetto in fasi riduce il rischio per lo sviluppatore e per il finanziatore, in quanto la suddivisione in fasi consente di ridurre il capitale suscettibile ai cambiamenti delle condizioni di mercato in un determinato momento.

Parcheggio - Il parcheggio è un aspetto importante per lo sviluppo dell'insediamento, perché molti insediamenti richiedono un parcheggio su podio (struttura di parcheggio) per poter inserire un'adeguata quantità di parcheggi all'interno dell'insediamento e il parcheggio su podio è costoso rispetto al parcheggio di superficie. Nel 2008, il costo medio di una struttura di parcheggio negli Stati Uniti era di "15.000 dollari per posto" (Victoria Transport Policy Institute, 2009, p. 5.4-2); tuttavia, esiste una grande variabilità tra gli studi. Il Victoria Transport Policy Institute cita una fonte che ha riscontrato "costi di costruzione che vanno da 13.712 a 31.500 dollari per spazio in un'università della California tra il 1990 e il 2002" (VTPI, 2009, p. 5.43). In base alle mie esperienze di sottoscrizione di progetti di sviluppo nella regione di Sacramento, i costi dei parcheggi variano da 25.000 a 32.000 dollari per spazio. Anche in questo caso, le stime dei costi riflettono solo i costi fissi, quindi i costi soft e i costi di finanziamento sono aggiuntivi. Il parcheggio è fondamentale per lo sviluppo infill, in quanto consente alla proprietà di massimizzare l'uso del terreno; senza strutture di parcheggio, le densità non supererebbero le 20 unità per acro.

Il motivo per cui le densità non superano le 20 unità abitative per acro senza strutture di parcheggio è che le città stabiliscono requisiti di parcheggio arbitrari per le destinazioni d'uso. "I pianificatori di solito usano standard generici che si applicano a categorie generali di uso del suolo (ad esempio, residenziale, ufficio, vendita al dettaglio)" (United States Environmental Protection Agency, 1999, p. 4). Esempi di questi standard generici sono due posti auto per residenza, quattro posti auto per 1.000 metri quadrati di uffici, cinque posti auto per 1.000 metri quadrati di negozi e quindici posti auto per 1.000 metri quadrati di ristoranti. Questi requisiti limitano lo sviluppo perché i parcheggi di superficie consumano una quantità enorme di spazio. Gli sviluppi suburbani richiedono questi standard perché le persone dipendono dalle automobili e questi requisiti sono fattibili perché i parcheggi di superficie sono poco costosi, circa 1.500 dollari per posto. Non è necessario che i requisiti siano così intensi per gli insediamenti urbani, poiché i residenti hanno accesso a mezzi di trasporto alternativi e i commercianti si affidano maggiormente all'attivazione del fronte strada piuttosto che agli avventori che arrivano in automobile. L'attivazione del fronte strada si riferisce al commercio al dettaglio al piano terra orientato ai pedoni, dove i negozi hanno una facciata limitata per massimizzare il numero di rivenditori in un'unica posizione. I commercianti spesso offrono servizi come tavoli, panchine, fontane e progetti architettonici visivi sul fronte strada per consentire alle persone di riunirsi.

Shoup e Manville affermano che "per prosperare, un quartiere centrale degli affari deve ricevere una massa critica di persone ogni giorno, ma farlo senza intasarsi... il parcheggio fuori strada è l'azione intrapresa per ridurre la congestione, ma poiché il terreno è così costoso nelle regioni del centro e il parcheggio fuori strada è una spesa iniziale così grande, le imprese prendono la decisione razionale di localizzarsi al di fuori del quartiere centrale degli affari (CBD), dove sarà più economico localizzarsi" (Shoup, D., Manville, M., 2004, p. 4). Oltre alla crescita che avviene al di fuori del CBD, i requisiti di parcheggio rendono i centri storici "poco più di un gruppo di edifici, ognuno dei quali è una destinazione a sé stante, da cui parcheggiare e da cui partire, e non parte di un insieme più ampio" (Shoup, D., Manville, M., 2004, p. 8).

Questo non vuol dire che le migliori pratiche per gli sviluppi infill siano prive di parcheggi o requisiti, ma applicare requisiti generici non è efficiente.

Gli sviluppatori vogliono fornire un parcheggio per quattro motivi. In primo luogo, può essere difficile ottenere un prestito perché i finanziatori hanno i loro requisiti di parcheggio per le proprietà che finanziano (US EPA, 1999a, p. 2).

In secondo luogo, la mancanza di parcheggi crea incertezza sulla commerciabilità a lungo termine di un progetto (US EPA, 1999a, p. 2). In terzo luogo, "i residenti possono temere che il parcheggio si riversi nei quartieri residenziali circostanti (US EPA, 1999a, p. 2). Infine, i condomini dotati di parcheggio aumentano il prezzo di mercato delle unità di 39.000 dollari rispetto a quelle non dotate di parcheggio (VTPI, 2009, p. 5.4-18). La lotta per gli sviluppatori e le città consiste nel trovare la giusta combinazione di parcheggi che permetta di realizzare un progetto di successo a lungo termine senza carenza di parcheggi, mantenendo i costi il più bassi possibile.

Difficoltà di ottenere finanziamenti - I finanziamenti sono difficili da ottenere per lo sviluppo infill a causa dei "costi di sviluppo comparativamente elevati (soprattutto quelli iniziali); la mancanza di familiarità ed esperienza dei finanziatori con i prodotti; la scarsità di buone ricerche di mercato; i problemi ambientali e l'assenza di elementi di confronto su cui basare le valutazioni" (Suchman, 2002, p. 17). Inoltre, i progetti a uso misto sono difficili da finanziare perché "i finanziatori tendono a specializzarsi in un solo tipo di sviluppo immobiliare... (perché) gli strumenti finanziari e le istituzioni alla base dell'American Development isolano le componenti dell'ambiente edificato per meglio scrutarne il rischio" (Suchman, 2002, p. 18). Suchman continua spiegando che il finanziamento di prodotti di lusso e di prodotti a basso reddito è il più facile da finanziare perché i prodotti di lusso sono costruiti nelle migliori posizioni e per gli sviluppi a basso reddito esiste una varietà di programmi di incentivi statali e federali (Suchman, 2002, p. 18). Pertanto, l'ottenimento di finanziamenti per la maggior parte della popolazione, quella a reddito medio, è il più difficile.

Gli ostacoli descritti sopra esistono per la maggior parte dei progetti di infill; pertanto, li classifico come caratteristiche del mercato dello sviluppo di infill. La sezione successiva esamina gli ostacoli che non esistono per la maggior parte delle parcelle infill, ma che sono specifici del sito. La contaminazione del sito, le infrastrutture inadeguate e le parcelle piccole e irregolari rendono difficile l'attuazione dei progetti di infill.

Infrastrutture - "Il termine *infrastrutture* comprende strutture pubbliche come strade, sistemi idrici, fognari e di drenaggio, parchi e spazi aperti e scuole" (Suchman, 2002, p. 83-84). Per le regioni del centro città, ritengo necessario ampliare questa definizione per includere i sistemi di trasporto di massa e le aree di parcheggio pubblico, poiché questi elementi sono cruciali per raggiungere la vivacità. I sostenitori dell'infill parlano di "capacità di utilizzare le infrastrutture esistenti, ma molti professionisti sanno che le infrastrutture possono essere obsolete" (Farris, 2001, p. 14). È più probabile che le capacità di alcune strutture pubbliche siano adeguate, come la capacità di fornire acqua e di trattare le acque reflue, perché questi sistemi devono essere aggiornati man mano che la città cresce, sia che si tratti di un insediamento che di una periferia. La capacità di altri sistemi, come quelli di trasporto e scolastici, è più difficile da incrementare in contesti infill, a causa di vincoli fisici. La capacità di una strada non può aumentare senza aggiungere una corsia e la capacità di una scuola non può aumentare senza aggiungere un'aula. Con il terreno che scarseggia, questi tipi di miglioramenti sono difficili da realizzare. Il costo dell'aggiornamento della capacità di qualsiasi struttura è elevato, quindi le città devono avere un'adeguata capacità in eccesso per accogliere la crescita dell'infill. La fattibilità dello sviluppo infill è un margine sottile, quindi il potenziamento delle infrastrutture a spese del committente e la creazione di un'area di beneficio per ripagare il committente non sono un'opzione come lo sarebbero gli sviluppi suburbani più grandi. Quando un promotore o una città pagano una quantità significativa di infrastrutture, creano un'area di beneficio. Quando si verifica un nuovo sviluppo grazie alla nuova infrastruttura, questi progetti pagano delle tasse per rimborsare il costo della nuova infrastruttura.

Contaminazione del sito - I siti contaminati, noti come aree industriali dismesse, rappresentano una sfida significativa per gli sviluppatori, perché i costi di bonifica possono essere così elevati da superare il valore del terreno, con un conseguente valore negativo del terreno. Prima che un promotore acquisisca il terreno, sono necessari test approfonditi per scoprire il livello di contaminazione. I test facilitano la creazione di un piano d'azione per bonificare il sito in modo che sia adatto ai futuri residenti e clienti. L'identificazione dei contaminanti e la bonifica di un sito avvengono in tre fasi. Un rapporto di fase 1 esamina la storia di un appezzamento per determinare se è probabile che il sito sia contaminato. Se il rapporto di fase uno rivela che il sito è potenzialmente contaminato, è necessario un rapporto di fase due. Il rapporto di fase due illustra i risultati dei test di contaminazione del suolo. La terza fase è la bonifica del sito. Esiste poca letteratura che esamina i costi di ciascuna fase. In base alla mia esperienza nel settore, ho scoperto che i costi della prima fase sono di circa 2.500 dollari e che gli studi della seconda fase variano da 30.000 a 50.000 dollari. Il costo della fase 3 dipende dal livello di contaminazione del sito. All'aumentare del livello di contaminazione aumenta anche il costo. Non ho esperienza personale con le spese di bonifica della fase tre, quindi non posso offrire una gamma di costi. Le spese potenziali di una relazione di fase uno e due per arrivare semplicemente alla conclusione di "procedere" o "lasciar perdere" l'acquisizione di un sito sono troppo rischiose per molti sviluppatori. L'Agenzia per la protezione dell'ambiente degli Stati Uniti elenca quattro vantaggi dello sviluppo di aree industriali dismesse. In primo luogo, il prezzo scontato del terreno, in secondo luogo, il basso costo delle infrastrutture, in terzo luogo, la zonizzazione favorevole e, infine, il sostegno allo sviluppo delle aree industriali dismesse sotto forma di crediti d'imposta e finanziamenti (US EPA b, 1999, pagg. 2-4). In effetti, il potenziale per questi vantaggi esiste, ma la bonifica dei siti brownfield richiede competenze per risanare il sito e attraversare la vasta rete di programmi di assistenza pubblica. Inoltre, gli sviluppatori devono avere una maggiore tolleranza al rischio. La bonifica richiede tempo, il che significa una maggiore incertezza sulle condizioni di mercato quando la proprietà sarà pronta per la costruzione verticale. Un esempio locale di maggiore tolleranza al rischio è il Curtis Park Village.

Il Curtis Park Village è uno sviluppo di 72 acri nella parte meridionale di Sacramento, dove il promotore sta lottando per trovare un modo per "finanziare i costi più alti del previsto per la bonifica dello scalo ferroviario tossico che ha acquistato nel 2004 ... (e) la costruzione potrebbe iniziare nel 2012, 2013 o 2014" (Wasserman, 2009b). In questo caso, i costi di bonifica hanno superato le stime e c'è una finestra di tre anni per l'avvio del progetto, entrambi rischi che vanno oltre quelli di uno sviluppo tipico.

Le parcelle infill possono essere piccole e irregolari - Ogni progetto infill è unico in quanto le dimensioni del sito non sono uniformi; pertanto, il progetto di un progetto non può essere uguale a quello di un altro progetto. Questi progetti "non possono beneficiare delle economie di scala" (Riverside, 2003, p.2), mentre nel caso di uno sviluppo suburbano, il layout della suddivisione è completato e lo sviluppatore offre da sei a dieci progetti diversi. Lo sviluppatore ha la possibilità di ripetere i progetti tra i vari sviluppi. L'architettura diventa un costo irrecuperabile, riducendo così i costi indiretti di costruzione. L'offerta di una piccola varietà di case viene spesso criticata perché dà luogo a comunità noiose e ripetitive, ma è efficace per ridurre i costi. Allo stesso modo, molti lotti sono troppo piccoli da soli, quindi lo sviluppatore deve assemblare piccoli appezzamenti per creare un sito edificabile. La creazione di un assemblaggio richiede spesso di trattare con diversi proprietari terrieri, il che richiede più tempo, è più costoso e comporta maggiori rischi di fallimento.

Gli ostacoli allo sviluppo di nuovi insediamenti sono una realtà del mercato e raramente si presentano in modo isolato. L'effetto cumulativo di più ostacoli può rendere un progetto impraticabile. La caratteristica comune degli impedimenti allo sviluppo dell'infill è che aumentano il rischio in qualche modo. Gli sviluppatori e i finanziatori accettano un aumento del rischio se il potenziale ritorno sull'investimento è abbastanza grande da giustificarlo. I responsabili delle politiche hanno a disposizione strumenti che aumentano il ritorno per il promotore e di conseguenza la fattibilità dello sviluppo dell'infill. La prossima sezione esamina alcuni di questi strumenti. Strumenti politici per l'implementazione dello sviluppo infill

I funzionari pubblici hanno a disposizione molte scelte politiche per favorire lo sviluppo dell'insediamento. Strumenti che vanno dalla riduzione delle tasse di impatto sullo sviluppo alla facilitazione dell'ottenimento di finanziamenti creano condizioni migliori per lo sviluppo dell'infill. L'analisi della letteratura si concentrerà su una serie di strumenti politici che aiutano a superare gli ostacoli della prima metà di questa analisi. La maggior parte delle informazioni riportate di seguito proviene da programmi di promozione dell'insediamento creati dai comuni.

Incentivi basati sul mercato - L'EPA degli Stati Uniti sostiene che fornire "incentivi affinché le persone vivano vicino al loro posto di lavoro" (US EPA, n.d., p. 3) promuoverà lo sviluppo a uso misto. Il documento non offre suggerimenti sugli incentivi politici, ma un recente credito d'imposta potrebbe fornire il quadro di riferimento per uno strumento politico di questo tipo. L'Housing and Economic Recovery Act del 2008 ha creato un credito d'imposta di 7.500 dollari per gli acquirenti di una prima casa, da restituire in quindici anni. L'American Recovery and

Il Reinvestment Act aumenta il credito d'imposta a 8.000 dollari e gli acquirenti non devono rimborsare il credito. "L'Associazione californiana degli agenti immobiliari ha pubblicato i risultati di un sondaggio in cui si afferma che il 40% degli acquirenti per la prima volta avrebbe rinunciato all'acquisto quest'anno se non gli fosse stato promesso il credito di 8.000 dollari" (Wasserman, 2009b, ¶ 4). È troppo presto per misurare il livello di successo del credito d'imposta. Tuttavia, l'industria edilizia e i gruppi di interesse immobiliari hanno sollecitato Washington a estendere il programma nel dicembre 2009 a causa delle preoccupazioni relative al calo dei prezzi delle case. Questa preoccupazione per il calo dei prezzi delle case è un'indicazione del fatto che i crediti d'imposta hanno un effetto positivo sulla domanda. Questo quadro potrebbe estendersi all'ambito dello sviluppo urbano. Un programma che offra un credito d'imposta alle persone che acquistano una residenza in uno sviluppo urbano qualificato stimolerebbe la domanda di un mercato infill.

Facilitare il finanziamento dello sviluppo urbano

- Suchman sostiene che i governi statali e locali hanno a disposizione diversi strumenti finanziari per aiutare a finanziare lo sviluppo urbano. Una varietà di questi strumenti di finanziamento è costituita da "crediti d'imposta per le proprietà storiche o per le abitazioni a basso reddito; obbligazioni imponibili e esenti da imposte; fondi fiduciari per l'edilizia abitativa; sovvenzioni e prestiti per il pre-sviluppo; prestiti per la costruzione, gap financing, secondi mutui agevolati; miglioramenti del credito" (Suchman, 2002, p. 88). Di seguito viene fornita una spiegazione di ogni strumento di finanziamento. *Crediti d'imposta -* Innanzitutto, una spiegazione dei crediti d'imposta in generale. Spesso si fa confusione tra un credito d'imposta e una detrazione fiscale. Un credito d'imposta riduce direttamente la responsabilità fiscale di chi lo possiede su base dollaro per dollaro, quindi un credito d'imposta di 1.000 dollari riduce di 1.000 dollari la responsabilità fiscale dell'entità che lo detiene. Nel frattempo, una deduzione fiscale si limita a ridurre il reddito imponibile, quindi la deduzione rappresenta solo l'aliquota fiscale marginale. Ad esempio, una deduzione di 1.000 dollari, se l'entità che la prende si trova in una fascia fiscale del 35%, riduce la responsabilità fiscale di 350 dollari (1.000 dollari x .35). Ora passerò in rassegna un breve esempio di crediti d'imposta per alloggi a basso reddito (LIHTC) per spiegarne il funzionamento. Sia lo Stato che il governo federale assegnano annualmente i crediti d'imposta; un moltiplicatore della popolazione dello Stato determina l'importo assegnato per ogni Stato. L'IRS assegna i crediti federali agli Stati perché li distribuiscano. In California, il Tesoriere dello Stato assegna i LIHTC statali e federali tramite il California Tax Allocation Committee (CTCAC). Il CTCAC assegna i crediti d'imposta

agli sviluppatori i cui progetti sono idonei. Lo sviluppatore vende i crediti agli investitori per raccogliere capitali per il progetto di edilizia residenziale a basso reddito. Un investitore acquista i LIHTC al di sotto del valore nominale per realizzare un beneficio netto riducendo la responsabilità fiscale al valore nominale del credito d'imposta. Ad esempio, un investitore acquista 1.000.000 di LIHTC per 850.000 dollari, ovvero 85 centesimi di dollaro. Quando l'investitore utilizza i crediti d'imposta per ridurre l'onere fiscale, la riduzione dell'onere fiscale è pari al valore nominale dei LIHTC, che in questo caso rappresenta un aumento di circa il 17,6% del prezzo di acquisto. Gli investitori utilizzano i crediti d'imposta in conformità alle linee guida dell'IRS, che per i crediti federali per alloggi a basso reddito sono pari al 10% dei crediti all'anno.

Obbligazioni esenti da imposte - La maggior parte delle obbligazioni emesse da Stati e città sono esenti da imposte, il che significa che l'acquirente dell'obbligazione non paga l'imposta sul reddito generato dall'obbligazione. Le obbligazioni emesse dai governi hanno in genere un basso tasso di rendimento a causa dello status di esenzione fiscale e della capacità di rimborso dell'agenzia emittente. Un esempio insolito di obbligazione esente da imposte è rappresentato dai Private Activity Bond, che le agenzie governative emettono per conto di aziende private. "A differenza delle tipiche obbligazioni municipali, il pagamento del capitale e degli interessi... non è responsabilità dell'agenzia governativa emittente. È invece responsabilità dell'impresa privata che riceve i proventi" (California Debt Limit Allocation Committee, n.d., ¶ 4). Queste obbligazioni potrebbero non essere completamente esenti da imposte, poiché alcuni Stati non riconoscono l'esenzione per altri Stati. Ad esempio, se un'agenzia pubblica californiana emette un'obbligazione che un investitore dell'Idaho acquista, l'Idaho non può esentare il reddito dalla tassazione statale sul reddito. Gli sviluppatori apprezzano i finanziamenti obbligazionari in quanto il tasso di interesse più basso riduce i costi di finanziamento.

Gap Financing - I finanziatori richiedono che le stime del flusso di cassa del progetto soddisfino determinati parametri prima di concedere un prestito. Uno di questi parametri è il rapporto di copertura del servizio del debito (DCR). Il DCR è il rapporto tra il reddito operativo netto (NOI) e il servizio del debito. Ad esempio, se il reddito operativo netto mensile di un complesso residenziale è di 10.000 dollari e il servizio del debito è di 8.000 dollari, il DCR sarà pari a 1,25 (10.000 dollari / 8.000 dollari). Durante l'analisi di fattibilità di un progetto di sviluppo, il finanziatore utilizzerà le proiezioni di NOI per arrivare all'importo del prestito. In questo caso abbiamo una proiezione di NOI mensile di 10.000 dollari e il finanziatore richiede un DCR di 1,25, che si traduce in un servizio del debito mensile di 8.000 dollari. Ipotizzando un periodo di ammortamento di 30 anni e un tasso di interesse del 5%, il finanziatore è disposto a prestare 1.490.252 dollari. Supponiamo che la costruzione dello sviluppo costi 1.800.000 dollari e che lo sviluppatore disponga di 100.000 dollari di capitale proprio. In questo scenario, esiste un divario di 209.748 dollari che può essere finanziato dal Comune.

Secondo prestito agevolato - La città può offrire un secondo prestito agevolato per favorire la fattibilità di un progetto. Un secondo prestito agevolato è simile al Gap Financing, con la differenza che la struttura del piano di pagamento di un secondo prestito agevolato può assumere diverse forme. Ad esempio, invece di un importo costante dovuto ogni mese, l'agenzia governativa e il promotore "concordano di dividere il flusso di cassa ... dopo le spese operative" (Suchman, 2002, p. 88). In questo modo il progetto sarà in grado di pagare il debito del primo prestito e il secondo prestito non creerà una situazione di flusso di cassa negativo per il promotore.

Miglioramento del credito - "Il miglioramento del credito è un sostegno finanziario di terzi - il mutuante e il mutuatario sono la prima e la seconda parte - che rende un prestito, un'obbligazione o un altro strumento finanziario più meritevole di credito, fornisce l'accesso a condizioni di prestito migliori e può fare la differenza tra la fattibilità o meno di un progetto" (US Department of Transportation, n.d.). I miglioramenti del credito possono assumere la forma di una linea di credito o di una garanzia sul servizio del debito da parte di un'agenzia governativa. Questa linea di credito o garanzia di servizio del debito riduce il rischio per un finanziatore privato, consentendogli di finanziare un progetto a un tasso di interesse inferiore. Inoltre, per le regioni che non hanno una storia di progetti infill di successo, un credit enhancement può essere l'unico modo per ottenere un finanziamento. I credit enhancement offrono agli sviluppatori vantaggi simili a quelli di un'obbligazione esente da imposte, riducendo i costi di finanziamento di un progetto.

Consentire la flessibilità nei requisiti di parcheggio - Gli enti pubblici possono incoraggiare gli sviluppatori a costruire strutture di parcheggio offrendo le opzioni di finanziamento precedentemente descritte. Consentire la flessibilità nei requisiti di parcheggio per i progetti di infill consentirà ai funzionari comunali e agli sviluppatori di ridurre gli spazi totali previsti, se ciò è logico per il progetto. "Uno dei difetti dei requisiti generici per i parcheggi è che spesso non tengono conto dell'insieme di variabili specifiche della comunità - densità, dati demografici, disponibilità di trasporti non automobilistici, o il mix di uso del suolo circostante - che influenzano la domanda di parcheggi... Invece, i requisiti si basano sulla domanda massima di parcheggi" (US EPA, 1999a, p. 4). Se un progetto si trova in un'area ad alto traffico pedonale, l'assegnazione di parcheggi per il commercio al dettaglio al piano terra potrebbe non essere necessaria. Le alternative ai requisiti generici di parcheggio sono le tariffe in-lieu, i parcheggi condivisi, i parcheggi centralizzati e il blocco dei parcheggi.

Le tariffe in-lieu sono tasse d'impatto sullo sviluppo che la città richiede per fornire parcheggi fuori sede. In questo scenario, lo sviluppatore pagherà alla città una tariffa per ogni posto auto richiesto per lo sviluppo. La costruzione e la manutenzione della struttura di parcheggio sono eseguite dalla città al di fuori del sito. L'EPA statunitense individua i seguenti vantaggi delle tariffe di parcheggio in-lieu: riduzione dei costi di costruzione, assenza di parcheggi in loco poco attraenti, massimizzazione dell'uso dei parcheggi e migliore progettazione urbana (1999a, p. 14). Una tassa di esenzione è vantaggiosa solo se è più economica della costruzione del parcheggio. Lo svantaggio è ovviamente la convenienza per i residenti se la struttura di parcheggio si trova a una distanza significativa dalla loro residenza. Una possibile opzione per la città è la costruzione di un parcheggio condiviso. Il parcheggio condiviso è una struttura di parcheggio centralizzata che si trova in prossimità di una varietà di usi, come uffici e abitazioni. In questo scenario, i dipendenti degli uffici utilizzeranno il garage durante il giorno, mentre i residenti lo utilizzeranno di notte. Il vantaggio di una struttura di parcheggio centralizzata è rappresentato dalle economie di scala durante la costruzione e la manutenzione. Il blocco dei parcheggi è l'esatto contrario dei requisiti di parcheggio. Invece di richiedere un numero minimo di stalli di parcheggio, la città crea un limite massimo (US EPA, 1999a, p. 17).

Ridurre le tasse di impatto sullo sviluppo - La strategia di Riverside, in California, propone di adeguare le tasse di impatto sullo sviluppo come metodo per promuovere lo sviluppo infill. La strategia riduce le tasse totali da 18.424,53 dollari a 13.805,68 dollari per unità, con un risparmio del 25%. "Gli aggiustamenti delle tasse hanno un impatto maggiore quando il margine di profitto è ridotto e la riduzione delle tasse può rendere un progetto finanziariamente fattibile" (Città di Riverside, California, 2003, p. 5). La riduzione della tassa equivale a un sussidio in denaro, in quanto la città coprirà le spese per le mancate entrate. Il calcolo di una tassa di impatto sullo sviluppo è il costo della struttura pubblica per unità di nuova crescita. La città stima la crescita annuale che utilizzerà la capacità dell'impianto, tiene conto del valore temporale del denaro e arriva al costo per unità. Se la città rinuncia alle entrate, deve utilizzare fondi da un'altra fonte per pagare la tassa sulla struttura.

Esenzioni ambientali - Il governatore Ronald Reagan ha firmato la legge sulla qualità ambientale della California (CEQA) nel 1970. "Il CEQA incoraggia la protezione di tutti gli aspetti dell'ambiente richiedendo alle agenzie statali e locali di preparare analisi multidisciplinari di impatto ambientale e di prendere decisioni basate sui risultati di tali studi relativi agli effetti ambientali dell'azione proposta" (Bass, R., Herson, A., Bogdan, K., 1999, p. 1). Il CEQA si articola in tre fasi. La prima fase è la

La seconda fase è lo Studio iniziale e la terza è la preparazione di un Rapporto di impatto ambientale (EIR) o di una Dichiarazione negativa. Se un progetto richiede la preparazione di un EIR, l'agenzia capofila stabilisce che il progetto "non è esente dal CEQA e potenzialmente causa effetti significativi sull'ambiente che non possono essere affrontati con una Dichiarazione Negativa Attenuata" (Bass, R., Herson, A., Bogdan, K., 1999, p. 53). Un'agenzia capofila assegna una dichiarazione negativa quando stabilisce che il progetto non avrà effetti significativi sull'ambiente e quindi non è necessario preparare un EIR. Un'agenzia capofila rilascia una dichiarazione negativa attenuata quando riconosce che la costruzione del progetto avrà conseguenze ambientali, ma il committente si impegna a mitigare gli effetti sull'ambiente. Il processo di completamento di un EIR richiede dai 9 ai 18 mesi (Bass, R., Herson, A., Bogdan, K., 1999, p. 8). Il costo della preparazione di un EIR varia a seconda della portata del documento. Non ho trovato alcuna discussione attuale sui costi di preparazione degli EIR. Per un promotore, la perdita di tempo è un ostacolo importante, poiché i mercati sono in grado di deteriorarsi rapidamente e il denaro è sempre una preoccupazione. La legge 375 del Senato, approvata nel 2008, consente un'esenzione dal CEQA se uno sviluppo è conforme alla Strategia per le comunità sostenibili di una regione. La Strategia per le comunità sostenibili definisce una visione dell'uso del territorio che ridurrà le emissioni di carbonio creando comunità compatte. Pertanto, se un progetto è conforme alla Strategia per le comunità sostenibili, il promotore non dovrà sostenere l'onere di preparare un Rapporto di impatto ambientale.

L'analisi della letteratura mostra che il riconoscimento degli impedimenti allo sviluppo dell'infill non è un concetto nuovo. Questi impedimenti sono una realtà del mercato. Il riconoscimento di questi impedimenti da parte dei comuni ha portato alla creazione di strumenti politici per aiutare gli sviluppatori a realizzare progetti di infill, in quanto queste politiche aumentano i margini di profitto per giustificare il rischio dello sviluppo dell'infill. La letteratura non spiega come i singoli strumenti politici influenzino la fattibilità dei progetti di infill. Inoltre, nessuno studio confronta gli strumenti politici tra loro per scoprire quale sia il più efficiente o quello che crea il maggiore effetto positivo. Intendo colmare questo vuoto nella letteratura applicando gli strumenti politici a uno studio di fattibilità per scoprire gli effetti e l'efficienza degli strumenti politici.

Capitolo 3. CRESCITA INTELLIGENTE

Che cos'è la crescita intelligente?

La pianificazione della crescita intelligente non può essere limitata a un certo insieme di politiche. Piuttosto, la crescita intelligente è uno stile di pianificazione o una filosofia di pianificazione che risponde e tenta di correggere i problemi causati da precedenti modelli di sviluppo disordinato e che cerca di prevenire la continuazione dello sviluppo disordinato (Howell-Moroney, 2006; Leigh, 2005). "La crescita intelligente è uno sforzo, attraverso l'uso di sussidi pubblici e privati, per creare un ambiente favorevole al riorientamento di una parte della crescita regionale all'interno delle città centrali e dei sobborghi interni" (Burchell et al., 2000:823). L'American Planning Association (APA) spiega la filosofia della crescita intelligente con la seguente definizione:

...la crescita intelligente è la pianificazione, la progettazione, lo sviluppo e la rivitalizzazione di città, paesi, periferie e aree rurali al fine di creare e promuovere l'equità sociale, il senso del luogo e della comunità e di preservare le risorse naturali e culturali. La crescita intelligente migliora l'integrità ecologica sia a breve che a lungo termine e migliora la qualità della vita per tutti, ampliando, in modo fiscalmente responsabile, la gamma di scelte di trasporto, occupazione e abitazione disponibili in una regione. (APA, 2002:22)

L'organizzazione Smart Growth America (SGA) amplia la definizione dell'APA della filosofia della crescita intelligente con un elenco di sei principi su cui si basa la filosofia: vivibilità dei quartieri; migliore accesso, meno traffico; mantenere gli spazi aperti; città, periferie e paesi fiorenti; benefici condivisi; costi più bassi, tasse più basse (2006). Il primo principio, la *vivibilità dei quartieri,* può essere considerato il fondamento della filosofia della crescita intelligente. Secondo la SGA, "l'obiettivo centrale di qualsiasi piano di crescita intelligente è migliorare la qualità dei quartieri in cui viviamo" (2006). Ciò si ottiene mantenendo le comunità sicure, convenienti, attraenti e a prezzi accessibili, assicurandosi di evitare di dover soccombere a qualsiasi compromesso tra questi obiettivi, che spesso risulta da modelli di sviluppo disordinati (SGA, 2006). Il secondo principio della filosofia della crescita intelligente, un *migliore accesso, meno traffico,* cerca di porre rimedio all'elevato grado di congestione del traffico e ai lunghi tempi di percorrenza derivanti dallo sprawl riorientando i nostri mezzi e metodi di trasporto (Porter, 1999). Questo riorientamento comprende il miglioramento dell'accesso regionale, l'enfatizzazione dell'intermodalità, la garanzia che il sistema di trasporto regionale sia funzionale allo sviluppo futuro e il potenziamento dell'economia regionale attraverso il collegamento dei centri commerciali e occupazionali (Burchell et al., 2000; Porter, 1999). "L'enfasi posta dalla crescita intelligente sulla mescolanza degli usi del suolo, sul raggruppamento dello sviluppo e sull'offerta di molteplici scelte di trasporto aiuta a mitigare questi problemi e a limitare l'inquinamento e a risparmiare energia (SGA, 2006).

Oltre a proteggere l'ambiente con la riduzione dell'inquinamento e la conservazione dell'energia, il terzo principio della filosofia estende il livello di protezione *mantenendo gli spazi aperti.* I modelli di sviluppo in espansione riducono la quantità di terreni naturali e di fauna selvatica, minacciando sia le risorse naturali che gli habitat naturali (Porter, 1999). Proteggere queste aree dallo sviluppo futuro non solo preserverà la bellezza della terra, ma contribuirà anche a mantenere l'equilibrio degli ecosistemi terrestri e a sostenere l'approvvigionamento di risorse naturali. Inoltre, proteggere porzioni delle rimanenti risorse naturali del pianeta dalla produzione industriale "fornirà aria più sana e acqua potabile più pulita" (SGA, 2006). Troppo spesso, lo sviluppo non pianificato assottiglia le risorse e la capacità infrastrutturale di molte comunità. Il quarto principio, *città, periferie e paesi fiorenti,* suggerisce di incanalare lo sviluppo futuro verso le comunità esistenti all'interno dell'ambiente costruito, per aumentare la quantità di entrate che i governi locali possono investire in "trasporti, scuole, biblioteche e altri servizi pubblici", migliorando così le risorse e le infrastrutture delle comunità in cui la gente già risiede (SGA, 2006). "Il riorientamento di una parte della crescita verso l'area metropolitana, combinato con un movimento più controllato verso l'esterno, consumerebbe molto meno capitale e meno risorse naturali e consentirebbe di raggiungere obiettivi di sviluppo più ambiziosi" (Burchell et al, 2000:822).

Il quinto principio, *costi più bassi, tasse più basse,* si aggiunge a questa nozione. Lo sprawl comporta un onere finanziario per le amministrazioni locali. Quando si creano nuovi insediamenti ai margini delle comunità esistenti, è necessario costruire nuove scuole, strade, sistemi idrici e fognari e altre infrastrutture per agevolarli. L'onere di questi costi ricade sugli attuali residenti a causa dei nuovi insediamenti. Man mano che i nuovi insediamenti vengono costruiti a distanze maggiori dai nuclei di queste comunità, i residenti di questi insediamenti dovranno percorrere distanze sempre maggiori per raggiungere il posto di lavoro o il centro commerciale, con costi ancora maggiori. La crescita intelligente aiuta a eliminare entrambi i problemi:

... sfruttando le infrastrutture esistenti, si riducono le tasse. E quando scelte di trasporto convenienti consentono alle famiglie di fare meno affidamento sull'auto, rimangono più soldi per altre cose, come l'acquisto di una casa o il risparmio per l'università. (SGA, 2006) Il sesto e ultimo principio è quello dei *benefici condivisi*,

riconosce che lo sprawl favorisce un divario economico residenziale. Mentre i posti di lavoro si spostano dalle aree degradate verso aree suburbane più prospere, i residenti a basso reddito faticano a trovare opportunità di lavoro, istruzione e assistenza sanitaria adeguate. Insieme a questa tendenza, "c'è anche un interesse da parte delle famiglie a reddito medio e moderato delle città centrali a suburbanizzarsi. Questo movimento è il risultato della ricerca da parte delle famiglie di minoranza dei benefici di migliori opportunità educative nelle aree metropolitane" (Burchell et al., 2000:822). La crescita intelligente cerca di eliminare questo divario e incoraggia i residenti di tutti i livelli di reddito a partecipare all'economia della comunità e a sfruttare tutte le opportunità che essa offre.

I costi dello sprawl contro i benefici economici della crescita intelligente Gli sviluppatori, desiderosi di realizzare profitti, potrebbero non vedere lo sprawl come una cattiva idea. Se si presenta l'opportunità di acquisire un terreno, gli sviluppatori effettuano rapidamente l'acquisto e procedono con i loro piani di sviluppo, senza pensare a come il loro nuovo sviluppo possa aumentare il grado di dispersione di un'area. Tuttavia, per la giurisdizione e le località circostanti in cui si trova il nuovo sviluppo, i costi dell'espansione derivanti da questo sviluppo potrebbero essere piuttosto costosi.

Prima degli anni '70, non erano state raccolte analisi empiriche sostanziali che suggerissero che la pratica di uno sviluppo ad alta densità ben pianificato avesse maggiori benefici fiscali rispetto a uno sviluppo tentacolare e a bassa densità. La mancanza di queste informazioni consentiva ai pianificatori di sviluppare i terreni a loro piacimento, senza tenere conto del costo delle strutture e delle infrastrutture di capitale o dell'impatto che questi sviluppi potevano avere sui costi di fornitura dei servizi per le aree a carico delle amministrazioni locali. Tuttavia, a partire da un rapporto della Real Estate Research Corporation (RERC) del 1974 e proseguendo con diverse analisi dell'impatto dello sprawl nei decenni successivi, i governi locali hanno avuto accesso a rapporti che illustravano concretamente i risparmi di cui si poteva beneficiare grazie a uno sviluppo ben pianificato e ad alta densità e alla filosofia della crescita intelligente. Secondo il BDP, "rispetto ai servizi di una comunità ben pianificata con lo stesso numero di famiglie, le strade nelle aree in espansione costano il 25% in più, i servizi pubblici il 20% in più e le scuole il

5% in più... per un tipico sviluppo residenziale in espansione, questi servizi pubblici costano in media 1,17 dollari per ogni 1 dollaro generato dalle tasse" (2001:1). Questi aumenti creano un onere fiscale più pesante per i residenti dell'intero Stato in cui si trova l'area in espansione. Poiché gran parte delle infrastrutture per i nuovi progetti di sviluppo vengono costruite prima che i nuovi residenti vi si trasferiscano, le città in cui si trova il nuovo sviluppo subiranno una riduzione delle entrate e non saranno in grado di pagare i servizi forniti all'interno del nuovo sviluppo. Pertanto, per compensare tali mancanze, queste città devono cercare di sovvenzionare le loro perdite attraverso le tasse statali generali. In questo modo, i costi dello sviluppo estensivo saranno distribuiti tra tutti i residenti dello Stato e, in un certo senso, questi nuovi sviluppi costosi sono sovvenzionati da coloro che non ne traggono alcun beneficio.

L'attuazione della filosofia di pianificazione della crescita intelligente aiuta a ridurre i costi per i governi e i cittadini colpiti da uno sviluppo eccessivo. Una pianificazione futura che utilizzi tecniche di crescita intelligente come lo sviluppo infill, la mescolanza di usi del suolo e lo sviluppo a grappolo può far risparmiare risorse. Burchell et al. (2000) concludono:

...per gli Stati Uniti nel loro complesso, in un periodo di 25 anni, [questi risparmi] potrebbero ammontare a 250 miliardi di dollari. Tre quarti dei risparmi sarebbero sotto forma di risparmio sui costi di costruzione e di sviluppo per i costruttori residenziali e non residenziali e per gli acquirenti di nuove case e gli affittuari di edifici commerciali. Un altro 15% sarebbe costituito da risparmi sulle strade per i governi locali e statali; circa il 6% sarebbe costituito da risparmi sui terreni per i governi locali e statali; e, infine, il 4% sarebbe costituito da risparmi sui servizi di sviluppo, sempre per i costruttori di terreni e gli occupanti di nuove strutture (827).

Secondo Burchell et al. (2000), "se il parco immobiliare statunitense crescesse dell'1% all'anno e l'occupazione dell'1,5% all'anno, tra il 2000 e il 2025 si risparmierebbero più di 3 milioni di acri dallo sviluppo" (829). Inoltre, l'uso di tecniche di crescita intelligente "potrebbe portare a un risparmio di circa 5.790 dollari per ogni nuova unità abitativa. Considerando il numero di unità abitative che si prevede di costruire tra il 2000 e il 2025, il risparmio sarebbe di 145 miliardi di dollari" (Burchell et al., 2000:830). La pianificazione della crescita intelligente ridurrà i costi di fornitura delle infrastrutture e, in misura minore, i costi di fornitura dei servizi (Brookings Institute, 2004). È stato inoltre dimostrato che la pianificazione della crescita intelligente migliora la performance economica di intere aree metropolitane che la attuano e può contribuire a rafforzare la performance economica di intere regioni geografiche

(Brookings Institute, 2004). In breve, crescita intelligente significa denaro intelligente.

Strutture e infrastrutture di capitale

Nel suo lavoro pionieristico sull'impatto dei costi dei modelli di sviluppo a espansione, il RERC (1974) ha osservato che modelli di sviluppo ben pianificati e ad alta densità, spesso associati alla filosofia della crescita intelligente, potrebbero ridurre i costi di fornitura delle infrastrutture di circa il 47% rispetto ai costi di fornitura delle stesse infrastrutture a sviluppi a bassa densità e a espansione. Infatti, in dollari del 1973, i costi infrastrutturali degli sviluppi pianificati ad alta densità sono stati in media di 5.167 dollari, mentre i costi infrastrutturali degli sviluppi a bassa densità e a carattere sprawling sono stati in media di 9.776 dollari per 10.000 nuove unità abitative/commerciali (RERC, 1974). Sebbene questo studio avesse i suoi difetti (non teneva conto dei costi scolastici e delle future strutture di capitale regionale), ha aperto la strada a future ricerche sull'argomento.

Nel 1989, l'Urban Land Institute (ULI) ha rianalizzato i risultati del RERC ed è giunto a conclusioni simili. Confrontando otto diversi modelli di sviluppo, da quelli ad alta densità a quelli a bassa densità, il rapporto ha rilevato che il costo per la fornitura di infrastrutture come strade, fognature, sistemi idrici, drenaggio delle acque piovane e scuole alle aree a più alta densità e concentrazione di sviluppo era in media di 20.300 dollari per unità abitativa, fino a raggiungere l'incredibile cifra di 92.000 dollari per unità abitativa per le case a 10 miglia dalle "strutture centrali", situate all'interno di aree classificate per la residenza di proprietà (1 unità abitativa ogni 4 acri) (Brookings Institute, 2004). Inoltre, mantenendo costante la variabile della distanza (10 miglia dalle "strutture centrali"), gli sviluppi con livelli di densità di 3 unità per acro ridurrebbero i costi di capitale delle infrastrutture a circa 48.000 dollari per unità abitativa. Se a quella distanza gli sviluppi fossero ulteriormente concentrati fino a 12 unità per acro, il costo delle infrastrutture potrebbe nuovamente dimezzarsi, arrivando a costare circa 24.000 dollari per unità (Brookings Institute, 2004). Sempre nel 1989, un team guidato da Duncan ha portato avanti lo studio dei costi della crescita ampliando l'indagine oltre la densità e concentrandosi sui costi regionali più ampi dei diversi scenari di sviluppo. Invece di basare questi costi su sviluppi ipotetici, come hanno fatto il RERC e l'Urban Land Institute, il team di Duncan ha confrontato i costi effettivi di 8 diversi sviluppi che rappresentano 5 stili di sviluppo (compatto, contiguo, satellite, lineare e sparso) all'interno dello Stato della Florida. I risultati del team Duncan concordano con quelli del RERC e dell'Urban Land Institute. I costi di capitale e di infrastruttura delle aree compatte sono stati in media di 9.252 dollari per unità rispetto ai 23.960 dollari per unità delle aree considerate più sparse e in espansione (Duncan et al, 1989).

Inoltre, il team di Duncan ha concluso che i modelli di sviluppo della crescita intelligente potrebbero far risparmiare circa il 60% dei costi stradali associati allo sviluppo non pianificato e il 40% dei costi dei servizi (1989).

Nel corso degli anni '90, i team guidati da Robert Burchell hanno raccolto ulteriori prove dei costi risparmiati aumentando i livelli di densità di sviluppo di una comunità, prendendo a modello i modelli di sviluppo degli Stati del New Jersey, della Carolina del Sud e del Michigan. I risparmi generati nelle aree ad alta densità rispetto alla sola costruzione di strade sono stati del 12% in South Carolina, del 12% in Michigan e di ben il 26% in New Jersey (Brookings Institute, 2004). Il team di Burchell ha anche calcolato che i modelli di sviluppo a grappolo avrebbero fatto risparmiare ai tre Stati oltre 870 milioni di dollari in costi stradali locali, riducendo il loro onere di circa il 23% (Brookings Institute, 2004). I risparmi derivanti dalla costruzione di impianti idrici e fognari variano dall'8% del New Jersey al 13% del Michigan e al 14% della Carolina del Sud (Brookings Institute, 2004). Il team di Burchell ha concluso che lo Stato del New Jersey potrebbe risparmiare 2,32 miliardi di dollari, pari a circa il 15% del costo della fornitura di infrastrutture idriche e fognarie alle sue comunità tra il 2000 e il 2020, se adottasse metodi di pianificazione della crescita intelligente (Brookings Institute, 2004). Il team di Burchell ha teorizzato che più della metà di questi risparmi sarebbero generati da una diminuzione dell'utilizzo complessivo di acqua e fognature e dall'uso delle infrastrutture esistenti come risultato di modelli di sviluppo più raggruppati e concentrati.

Nel 2002, il team di Burchell ha esteso la ricerca a livello nazionale e ha compilato i dati di risparmio per tutti i 50 Stati. I calcoli si sono basati su un periodo di 25 anni (20002025) e sul criterio che gli Stati riducessero lo sprawl del 25%. I risultati sono stati sorprendenti. I loro calcoli ipotizzavano che, come nazione, gli Stati Uniti e i loro governi avrebbero potuto risparmiare 110 miliardi di dollari e oltre 188.000 miglia di costruzione di strade locali entro il 2025, utilizzando modelli di crescita intelligente (Burchell et al., 2002). Anche se i risparmi per i sistemi idrici e fognari non sono stati così consistenti come quelli per la costruzione di strade a livello nazionale, il team di Burchell ha concluso che 12,6 miliardi di dollari, circa il 6,6% dei costi, potrebbero essere risparmiati grazie alle tecniche di crescita intelligente (2002).

Secondo il TCRP (2000), ipotizzando che la crescita incontrollata e gli schemi di sviluppo a macchia d'olio continuino per i prossimi 20 anni, "gli sviluppatori e i governi locali degli Stati Uniti spenderanno più di 190 miliardi di dollari per le infrastrutture idriche e fognarie che saranno necessarie per ospitare gli oltre 18 miliardi di galloni di capacità idrica e fognaria supplementare" (9). D'altra parte, se si utilizzano metodi di pianificazione della crescita intelligente per frenare questa crescita, "si possono risparmiare oltre 150 milioni di galloni di acqua e fognature al giorno" (TCRP, 2000:9).

Ognuno di questi studi giunge alla stessa conclusione. Lo sviluppo futuro secondo la filosofia di pianificazione della crescita intelligente costa meno alle amministrazioni locali rispetto allo sviluppo non pianificato. In base a questi studi, si stima che i costi risparmiati dall'implementazione delle tecniche di crescita intelligente potrebbero essere in media tra il 10 e il 20% del costo delle infrastrutture nei prossimi 25 anni.

Erogazione del servizio pubblico

È opinione diffusa che i risparmi di cui godono i governi locali in termini di spese in conto capitale e di infrastrutture, grazie alla pianificazione della crescita intelligente, siano maggiori di quelli attesi in termini di costi di erogazione dei servizi pubblici (RERC, 1974; Burchell et al, 1992,1998; Burchell, Dolphin, & Galley, 2000; Bollinger, Berger, & Thompson, 2001; Brookings Institute, 2004). Tuttavia, la riduzione dei costi infrastrutturali associata a una maggiore densità di concentrazioni residenziali offre ai governi locali un certo sollievo sulle spese per la fornitura di servizi.

Il team di Burchell, che ha condotto i suoi studi con modelli basati sui modelli di sviluppo riscontrati in New Jersey, Michigan e South Carolina, è giunto a una conclusione simile. Il team di Burchell ha scoperto che nel New Jersey l'attuazione dei piani di sviluppo intelligente ha permesso di risparmiare, in media, 400 milioni di dollari. Questi risparmi hanno dato un vantaggio fiscale del 2% all'anno alle località e ai distretti scolastici dello Stato (Brookings Institute, 2004). Questi risparmi sono stati in realtà maggiori negli Stati del Michigan e della Carolina del Sud. I piani di crescita intelligente attuati in Michigan avrebbero generato un guadagno di entrate del 4%, mentre quelli attuati in South Carolina avrebbero generato un vantaggio di entrate del 5% annuo per le amministrazioni locali (Brookings Institute, 2004). Nello stesso studio del 2002 che calcolava i risparmi sui costi delle infrastrutture nei prossimi 25 anni, il team di Burchell ha rilevato che l'implementazione di metodi di pianificazione della crescita intelligente avrebbe potuto ridurre i costi dei servizi pubblici di circa 4,2 miliardi di dollari o del 3,7% nello stesso periodo di tempo. I professori dell'Università del Kentucky, Bollinger, Berger e Thompson, hanno condotto uno studio decennale (1987-1997) per confrontare i costi dei servizi pubblici tra le contee del Kentucky che hanno attuato un controllo della crescita e quelle che non lo hanno fatto. I loro risultati hanno evidenziato costantemente un risparmio sui costi dei servizi per le contee considerate compatte rispetto a quelle considerate in espansione. Ad esempio, nella contea compatta di Fayette, che comprende la città di Lexington, lo studio ha rilevato che per ogni 1.000 nuovi residenti trasferiti nell'area i costi dei servizi sono diminuiti di 1,08 dollari a persona. Al contrario, nella contea di Jefferson, che comprende la città di Louisville, lo studio ha dimostrato che ogni aggiunta di 1.000 nuovi residenti ha comportato un aumento di 36,82 dollari a persona per ospitare i servizi (Bollinger et al, 2001).

Nel 1999, H.C. Planning Consultants, Inc. per il progetto Grow Smart Rhode Island, ha concluso che l'attuazione della crescita intelligente potrebbe far risparmiare ai residenti dello Stato 181 milioni di dollari in costi di gestione dei servizi pubblici nei prossimi due decenni (Brookings Institute, 2004). Inoltre, il rapporto mostra che "la crescita intelligente nel Rhode Island potrebbe aumentare le entrate fiscali delle città principali di 39 milioni di dollari all'anno o di 782 milioni di dollari nei prossimi 20 anni" (Brookings Institute, 2004). Combinando i risparmi sui costi operativi dei servizi pubblici con la generazione di entrate extra dalle tasse di proprietà, si prevede che i risparmi derivanti da una crescita controllata e compatta faranno risparmiare ai residenti del Rhode Island oltre 1,4 miliardi di dollari nel corso dei prossimi 20 anni (Brookings Insitute, 2004).

Performance economica e spesa

È evidente che le tecniche di pianificazione della crescita intelligente possono far risparmiare alle amministrazioni locali ingenti somme di denaro per quanto riguarda i costi delle infrastrutture e dei servizi pubblici. I dati indicano anche che queste tecniche possono rafforzare la performance economica delle comunità in tutto il Paese. I ricercatori hanno iniziato a dimostrare che "obiettivi chiave della crescita intelligente come la compattezza, la densità, l'uso ben integrato del territorio e dei trasporti, i sistemi di gestione della crescita e il ringiovanimento dei centri urbani possono essere associati a una maggiore crescita economica" (Brookings Institute, 2004).

In teoria, l'aumento dei livelli di densità agirà come un incentivo per le amministrazioni locali ad attrarre nuove imprese nella loro ricerca di sviluppo economico. Ciccone e Hall hanno concluso che una maggiore densità ridurrà i costi di trasporto, avvicinando i dipendenti e le loro attività, oltre a favorire il raggruppamento di organizzazioni commerciali simili e complementari. I loro dati stimano che il raddoppio dei livelli di densità aumenterà la produttività media del 6% (Ciccone & Hall, 1996). Inoltre, il loro studio ha rilevato che i lavoratori dei dieci Stati più densi "hanno prodotto 38.782 dollari di valore all'anno, mentre i lavoratori dei dieci Stati meno densi hanno prodotto solo 31.578 dollari di output - circa il 25% in meno" (1996). I risultati di Ciccone e Hall sono stati ampliati in uno studio del 2000 condotto da Cervero. Cervero ha rilevato che "i benefici economici della compattezza e della concentrazione superano gli impatti negativi come la congestione delle autostrade" (2000). I risultati di Cervero riprendono quelli dello studio di Ciccone e Hall e concludono che "le città in cui le imprese sono vicine ai mercati del lavoro e le infrastrutture di trasporto funzionano rapidamente godono di una maggiore produzione economica per lavoratore" (2000).

Nelson e Peterman aggiungono un ulteriore aspetto a questa discussione. Hanno scoperto che le aree metropolitane che hanno implementato le tecniche di crescita intelligente "hanno realizzato un miglioramento dell'1% nella loro quota di mercato rispetto alle altre aree metropolitane" che non hanno adottato tali pratiche in un periodo di 20 anni, dal 1972 al 1992 (Nelson & Peterman, 2000). Inoltre, è stato dimostrato che densità più elevate migliorano l'efficacia degli sforzi di ricerca e sviluppo di una comunità. Carlino, in uno studio del 2001, ha rilevato che livelli di densità elevati aumentano effettivamente la capacità di innovazione di un'area. Secondo i dati di Carlino, il numero di brevetti pro capite è aumentato in media del 20-30% in un'area metropolitana per ogni raddoppio della densità (2001).

Miti sulla crescita intelligente

Alcuni funzionari delle amministrazioni locali sono scettici nei confronti della filosofia della crescita intelligente, la percepiscono come un ostacolo allo sviluppo futuro e si sono fatti un'opinione negativa sul successo dell'attuazione delle politiche di crescita intelligente (ULI, 1999).

Burchell et al (2000) notano:

A livello locale, c'è stato qualche sindaco o dirigente di contea che ha abbracciato attivamente la crescita intelligente. nel complesso, tuttavia, i leader locali sono rimasti relativamente in silenzio sulla crescita intelligente, soprattutto se, facendo la voce grossa, potevano diminuire la futura crescita dei posti di lavoro (859).

Di conseguenza, nel clima si sono diffusi diversi miti sulla crescita intelligente che devono essere affrontati. Secondo l'Urban Land Institute (ULI), i miti più diffusi sono: la crescita intelligente è in realtà una parola in codice per non crescere; la crescita intelligente è anti-suburbio; la crescita intelligente crea un altro livello di regolamentazione governativa; la crescita intelligente non è commercializzabile (1999).

Secondo l'ULI (1999), gli scettici suggeriscono che la pianificazione della crescita intelligente è semplicemente una maschera per fermare del tutto la crescita. Sebbene la pianificazione della crescita intelligente aiuti a controllare la crescita e a concentrare lo sprawl, la filosofia della crescita intelligente si rende conto che la crescita è inevitabile. Secondo l'Ufficio del censimento degli Stati Uniti, entro il 2020 la popolazione degli Stati Uniti dovrebbe crescere di 58 milioni di persone, pari a circa il 21% (Census, 1996). A causa di questa crescita, la domanda di alloggi e uffici dovrebbe continuare ad aumentare. Infatti, il Joint Center for Housing Studies (HJCHS) dell'Università di Harvard prevede che il numero di nuove abitazioni da costruire entro il decennio in corso supererà i 16 milioni (HJCHS, 1999). Con la crescita demografica prevista, le amministrazioni locali dovrebbero godere di un significativo aumento delle entrate che consentirà loro di investire ulteriormente in infrastrutture e miglioramenti dei servizi pubblici. La filosofia della crescita intelligente accoglie con favore sia il previsto aumento della popolazione sia l'aumento delle entrate. Prevedendo la crescita con largo anticipo, la crescita intelligente cerca di sfruttare questi aumenti per sostenere l'economia e la qualità della vita in modo favorevole alla crescita.

Poiché la filosofia della crescita intelligente riconosce la crescita come inevitabile e desiderabile, la crescita intelligente "incoraggia uno sviluppo che soddisfi gli obiettivi multipli nel centro, nelle periferie e nelle zone marginali delle periferie" (ULI, 1999:6). I critici della filosofia della crescita intelligente affermano la percezione che quest'ultima cerchi di allontanare la crescita dai luoghi desiderabili, ovvero le periferie. Secondo l'ULI, "i consumatori di oggi vogliono sentirsi radicati in una comunità e le suddivisioni suburbane standard che favoriscono l'isolamento sociale, la segregazione degli usi del suolo, la dipendenza dall'automobile e i lunghi spostamenti non riflettono necessariamente le esigenze degli acquirenti di case" (1999:6). La crescita intelligente non vuole limitare l'abitare nei sobborghi, ma cerca piuttosto di reinventare il sobborgo per creare un'atmosfera comunitaria. Infatti, come affermano Burchell e altri (2000),

Se la crescita intelligente è il controllo del movimento verso l'esterno nelle aree metropolitane degli Stati Uniti   , il concetto deve in ultima istanza affrontare la preferenza per le aree urbane.

delle famiglie americane di vivere in case unifamiliari e di possedere e guidare almeno un'automobile (860).

Secondo il Fannie Mae National Housing Survey del 1997, il 70% degli americani ha dichiarato di preferire vivere in periferia, in piccoli centri non vicini a una città o in aree rurali. Inoltre, si prevede che quasi il 90% di tutta la crescita futura di unità abitative nei prossimi 25 anni avverrà al di fuori delle città centrali (Woods & Poole

Economics, 1999). Tuttavia, man mano che le suddivisioni locali diventano più isolate, i governi locali hanno difficoltà, sia dal punto di vista fiscale che operativo, a fornire servizi pubblici adeguati a queste aree. In risposta a questo problema, la crescita intelligente incoraggia le aree suburbane a creare strategie globali di utilizzo del territorio per promuovere "uno sviluppo suburbano che avvenga nel contesto delle comunità locali esistenti", includendo soluzioni per le infrastrutture future, alternative di trasporto, aree ricreative per i bambini e altre questioni di qualità della vita (ULI, 1999:6). Alcuni critici ritengono che l'attuazione delle politiche di crescita intelligente non farà altro che aggiungere un ulteriore livello al processo normativo dei governi locali (ULI, 1999). Questa percezione non potrebbe essere più lontana dalla verità. Sebbene la crescita intelligente riguardi effettivamente una sana strategia di utilizzo del territorio, il controllo della crescita e la fornitura di servizi adeguati, la sua filosofia non limita o complica la capacità di funzionamento di un'amministrazione locale. Al contrario, "la crescita intelligente cerca di riformare le rigide politiche di regolamentazione e di snellire le procedure in modo che i progetti desiderabili siano più facili - non più difficili - da costruire" (ULI, 1999:8). L'approccio alla crescita intelligente contribuisce di fatto a eliminare gli sprechi normativi e a semplificare l'attività operativa di un'amministrazione locale. Limitando e riformando le attuali ordinanze di zonizzazione dell'uso del territorio, la crescita intelligente si sforza di assicurare che il territorio possa essere utilizzato al suo potenziale più efficace ed efficiente, al fine di migliorare le prestazioni economiche di un'area e la qualità della vita dei suoi residenti.

Altri critici sostengono che la commerciabilità della crescita intelligente è limitata dal fatto che la maggior parte delle persone vuole vivere in periferia, lontano dall'atmosfera frenetica della città (ULI, 1999). Tuttavia, l'idea di comunità ad alta densità e ben pianificate è attraente sia per gli acquirenti di case che per gli imprenditori. Se è vero che la pianificazione della crescita intelligente cerca di rivitalizzare le aree urbane, è anche vero che le tecniche di pianificazione della crescita intelligente possono contribuire a rendere sia le aree urbane che quelle suburbane più attraenti per i potenziali residenti. Recenti sondaggi suggeriscono che le persone sono disposte e desiderano vivere in comunità meglio pianificate che offrono una miriade di alternative di trasporto e usi misti del territorio. In un sondaggio condotto da America Lives Inc. gli acquirenti di nuove case rifiutano il tradizionale design suburbano; vogliono che il nuovo sviluppo assuma la forma di una piccola città tradizionale con un centro cittadino al centro (ULI, 1999). Un'altra indagine, condotta da Gallup, suggerisce che un numero significativo di americani preferisce vivere in una piccola città piuttosto che in un sobborgo (ULI, 1999). Anche la dimensione dei lotti residenziali, come preferenza per l'ubicazione della casa, non è un fattore così importante come credono i critici. Secondo Burchell (1997), le dimensioni dei lotti potrebbero diminuire del 20-25% prima che gli acquirenti inizino a opporsi. Questi sondaggi dimostrano che il mercato per la pianificazione della crescita intelligente è sostanziale e in crescita, poiché sempre più persone iniziano a cercare i servizi, le scelte di trasporto e l'aumento della qualità della vita che una comunità ben pianificata può offrire (ULI, 1999).

Come si realizza la crescita intelligente?

Come discusso in precedenza, la pianificazione della crescita intelligente è una filosofia. All'interno della struttura della filosofia, i governi locali possono implementare alcune tecniche di crescita intelligente per mettere le loro comunità sulla strada della crescita più intelligente. Non tutte le comunità desiderano o hanno la capacità di diventare comunità a crescita intelligente a tutti gli effetti, ma per quelle comunità che desiderano adottare un programma di crescita intelligente completo, la SGA ha compilato una lista di controllo in 10 punti (illustrata nella Figura 1) che i governi locali possono seguire per raggiungere una crescita intelligente completa.

Figura 1: Lista di controllo in 10 punti della SGA

Strumenti per una crescita intelligente completa

1) Uso misto del suolo

2) Sfruttare le risorse comunitarie esistenti

3) Creare una gamma di opportunità e scelte abitative

4) Favorire i quartieri "percorribili" e vicini tra loro

5) Dare alle comunità un forte senso del luogo

6) Preservare gli spazi aperti, i terreni agricoli, le bellezze naturali e le aree ambientali critiche.

7) Rafforzare e incoraggiare la crescita delle comunità esistenti

8) Offrire una varietà di scelte di trasporto

9) Rendere le decisioni di sviluppo prevedibili, eque ed efficaci in termini di costi

10) Incoraggiare la partecipazione dei cittadini e delle parti interessate alle decisioni di sviluppo

Il primo passo per diventare una comunità a crescita intelligente consiste nel mescolare gli usi del territorio. Secondo la SGA (2005), "un nuovo sviluppo a grappolo funziona meglio se comprende un mix di negozi, posti di lavoro e abitazioni". Le comunità che sono in grado di mescolare le destinazioni d'uso migliorano la qualità della vita dei loro residenti eliminando i tempi di percorrenza, diversificando lo stile dell'area e potenziando la base commerciale della zona (ICMA, 2001). Oltre a mescolare gli usi del suolo, le comunità devono anche sfruttare le risorse esistenti. "Dai parchi locali alle scuole di quartiere, fino ai sistemi di trasporto, gli investimenti pubblici dovrebbero concentrarsi sull'utilizzo ottimale di ciò che è già stato costruito" (SGA, 2005). Per realizzare una crescita intelligente, le comunità devono creare una serie di opportunità e scelte abitative. Anche l'ICMA (2001) afferma che:

Oltre a migliorare la qualità della vita di una famiglia, l'edilizia abitativa può garantire un migliore equilibrio tra posti di lavoro e abitazioni e generare una solida base di sostegno per le fermate del transito di quartiere, i centri commerciali e altri servizi, attenuando così i costi ambientali dello sviluppo dipendente dall'auto (17-18).

La SGA sottolinea che uno dei più grandi attributi della società è il fatto che le persone vogliono cose diverse. Non tutti vogliono vivere nello stesso tipo di casa. In risposta, "le comunità dovrebbero offrire una gamma di opzioni: case, condomini e case a prezzi accessibili per le famiglie a basso reddito" (SGA, 2005). Le comunità a crescita intelligente devono anche promuovere quartieri "percorribili" e affiatati. L'SGA ritiene che questi tipi di comunità non solo offrano l'opportunità di camminare, ma anche qualcosa verso cui camminare, come "il negozio all'angolo, la fermata del trasporto o la scuola" (2005). "Le comunità percorribili a piedi sono parte integrante del raggiungimento degli obiettivi di crescita intelligente perché migliorano la mobilità, riducono le conseguenze negative sull'ambiente, rafforzano le economie e sostengono comunità più forti attraverso una migliore interazione sociale" (ICMA, 2001:26).

Le comunità che desiderano realizzare una crescita intelligente devono anche "promuovere comunità distintive e attraenti con un forte senso del luogo" (SGA, 2005). Tutte le comunità hanno determinate caratteristiche che le rendono speciali e uniche. La crescita intelligente cerca di preservare queste caratteristiche, "creando un senso di orgoglio civico e sostenendo un tessuto comunitario più coeso" (ICMA, 2001:34). "Le persone vogliono rimanere legate alla natura e sono disposte ad agire per proteggere le fattorie, i corsi d'acqua, gli ecosistemi e la fauna selvatica" (SGA, 2005). In risposta, la crescita intelligente preserva l'ambiente, gli spazi aperti e i terreni agricoli "combattendo l'inquinamento atmosferico, attenuando il rumore, controllando il vento, fornendo un controllo dell'erosione e moderando le temperature" (ICMA, 2001:44). Per assicurarsi che questi terreni rimangano protetti, la crescita intelligente incoraggia le comunità a rafforzare e sviluppare le aree esistenti. La crescita intelligente incoraggia anche i governi locali a fornire ai residenti delle loro comunità una varietà di scelte di trasporto. "Le persone non possono abbandonare le loro auto se non forniamo loro un altro modo per raggiungere la loro destinazione. Più comunità hanno bisogno di trasporti pubblici sicuri e affidabili, marciapiedi e piste ciclabili" (SGA, 2005). Inoltre, la crescita intelligente è concepita per rendere le decisioni di sviluppo prevedibili, eque ed efficaci dal punto di vista dei costi (SGA, 2005). "Affinché la crescita intelligente fiorisca, i governi statali e locali devono sforzarsi di prendere decisioni di sviluppo che supportino l'innovazione in modo più tempestivo, economico e prevedibile per gli sviluppatori" (ICMA, 2001:70). Infine, le comunità di crescita intelligente devono incoraggiare la partecipazione dei cittadini e degli stakeholder alle decisioni di sviluppo (SGA, 2005). Come osserva la SGA (2005), "i piani senza un forte coinvolgimento dei cittadini non hanno potere di tenuta".

Politica di crescita intelligente

Coinvolgere la partecipazione della comunità

Poiché qualsiasi piano di crescita intelligente consisterà in politiche che potrebbero avere effetti drastici sul futuro aspetto, sulle dimensioni e sul clima sociale di una determinata comunità, è importante che i governi locali coinvolgano i loro cittadini nel processo, soprattutto durante le fasi iniziali dello sviluppo del piano. I comuni dell'area metropolitana di Portland, in Oregon, durante lo sviluppo del piano globale della loro regione, hanno ideato un metodo per ottenere l'aiuto dei loro residenti, fornendo video che illustrano vari obiettivi di pianificazione futura e i numerosi modi in cui l'area potrebbe raggiungerli.

Queste videocassette sono state messe a disposizione del pubblico, gratuitamente, per essere controllate nei punti Blockbuster Video di tutta l'area. Grazie a questa campagna, i comuni dell'area di Portland hanno ricevuto oltre

17.000 commenti e suggerimenti da parte dei cittadini sui futuri piani di sviluppo della loro comunità (ICMA, 2001). Sebbene questo metodo abbia funzionato bene per i governi dell'area di Portland, esistono altre tecniche che i governi locali possono utilizzare per coinvolgere il pubblico in questo processo. Altri esempi di queste tecniche sono l'organizzazione di riunioni cittadine, la collaborazione con le associazioni di quartiere e l'uso di sondaggi per posta.

Orientare lo sviluppo verso le aree esistenti

Una volta che i governi locali hanno coinvolto i cittadini nel processo di pianificazione, possono perseguire in modo aggressivo un programma di crescita intelligente, iniziando con piani per indirizzare lo sviluppo nelle aree già sviluppate. Troppo spesso, infatti, i modelli di sviluppo estensivo lasciano le comunità con sacche di aree urbane degradate che necessitano di essere riqualificate. Inoltre, la caratteristica del "salto della rana" che caratterizza i modelli di sviluppo in espansione lascia vaste quantità di terreno tra i sobborghi che possono essere sviluppate per aiutare a controllare la crescita futura. Forse il modo più completo in cui un'amministrazione locale può limitare lo sviluppo futuro delle comunità esistenti è la definizione di un confine di crescita urbana (UGB). Portland, la città più grande dello Stato dell'Oregon, ha sviluppato un UGB da collocare intorno alla sua città e a 24 dei suoi sobborghi circostanti per limitare non solo la crescita fisica della regione, ma anche per limitare le aree di terreno che potrebbero essere sviluppate. L'UGB era conforme agli ideali di una commissione regionale che aveva stabilito gli obiettivi di sviluppo e di sviluppo economico della regione. Uno di questi obiettivi era incentrato su una politica abitativa equa all'interno della regione. Una delle principali clausole dell'UGB di Portland prevedeva che ogni comune all'interno del perimetro fornisse "alloggi necessari e adatti a soddisfare le esigenze abitative delle famiglie di tutti i livelli di reddito" (Toulan, 1994). Gli studi dimostrano che, con l'attuazione di questa politica, i valori mediani delle abitazioni stanno scendendo e stanno diventando sempre più accessibili ai residenti di livello di reddito alto, moderato e basso (Indicators of Western U.S. Economy, 2000). In effetti, i tassi di proprietà delle case stanno aumentando più rapidamente a Portland che in città statunitensi comparabili come Atlanta (Peirce, 2000). Inoltre, anche se la popolazione di Portland è aumentata del 25% tra il 1980 e il 1994, la quantità di terreno sviluppato è aumentata solo del 16% all'interno dell'UGB (Abbott, 2002). È possibile che alcuni cittadini e costruttori non vedano di buon occhio l'istituzione di un UGB per controllare la crescita futura e i modelli di sviluppo. Ci sarà sempre una tensione tra i cittadini riguardo al modo in cui valutano gli ideali di libertà rispetto a quelli di sicurezza, equità ed efficienza. Se i governi locali di altre aree metropolitane decideranno o meno che un UGB è giusto per le loro comunità dipenderà da molti fattori specifici dell'area. Tuttavia, con o senza UGB, i governi locali possono attuare molte politiche diverse per controllare la crescita e indirizzarla verso le aree esistenti.

Le aree dismesse o abbandonate, un tempo utilizzate per scopi industriali o commerciali, possono essere oggetto di riqualificazione da parte delle amministrazioni locali. Molte di queste aree dismesse sono contaminate chimicamente e "i requisiti ambientali federali impongono alle amministrazioni comunali o ai potenziali acquirenti dei costi per la bonifica delle aree dismesse" (Savitch, 2000:149). A causa di questi requisiti, la responsabilità della bonifica diventa un ostacolo significativo per le amministrazioni locali che vogliono riqualificare le aree dismesse. Tuttavia, grazie all'iniziativa federale "Comunità vivibili", i governi locali possono affrontare questa barriera emettendo obbligazioni con credito d'imposta per contribuire a coprire la responsabilità finanziaria dello sforzo di bonifica (Savitch, 2000).

Le amministrazioni locali possono incoraggiare la riqualificazione delle aree industriali dismesse, individuando questi appezzamenti e mettendoli a disposizione degli sviluppatori per progetti di riqualificazione. I programmi locali per le aree industriali dismesse sono una componente essenziale dei piani di crescita intelligente. Una tecnica che le amministrazioni locali possono utilizzare per rafforzare il loro programma di aree dismesse è quella di adottare un programma di finanziamento prioritario "fix it-first" (ICMA, 2001). Rendendo prioritaria la riabilitazione e l'aggiornamento delle strutture esistenti, le amministrazioni locali possono arrestare o ridurre il tasso di degrado delle infrastrutture esistenti. Di conseguenza, i committenti non devono preoccuparsi di sostituire le infrastrutture per completare un progetto. I governi locali possono anche utilizzare l'imposta sugli immobili ad aliquota frazionata per incoraggiare lo sviluppo e la riqualificazione delle aree dismesse e degradate (ICMA, 2001). Questo meccanismo stimola lo sviluppo spostando l'onere fiscale degli sviluppatori e dei proprietari dei terreni dai miglioramenti strutturali al terreno stesso. Questa tecnica aumenta le conseguenze fiscali per lo sviluppatore o il proprietario del terreno se il terreno vacante viene lasciato inattivo.

Uno dei programmi locali più efficaci in materia di aree industriali dismesse è il St. Paul Port Authority Brownfields Program dell'area di Minneapolis/St. Paul, Minnesota. Il programma ha identificato 50 siti e li ha destinati alla riqualificazione in base a un elenco di criteri, tra cui l'entità dei costi di sviluppo, la configurazione del sito, il livello di disoccupazione dell'area circostante, gli alloggi sfitti e la percentuale di proprietà in affitto (Simons, 1996). Sulla base di questi criteri, l'Autorità Portuale assegna questi lotti agli sviluppatori che si impegnano ad attrarre e mantenere le imprese, a mantenere gli standard di efficienza energetica e a garantire l'assunzione di personale locale e salari competitivi (Simons, 1996). A partire dal 1996, il programma ha generato oltre 2 milioni di dollari all'anno in entrate fiscali sulla proprietà e ha creato oltre 1.500 posti di lavoro (Simons, 1996).

Oltre alla riqualificazione delle aree industriali dismesse, i governi locali dovrebbero concentrarsi anche sulla riabilitazione di altre aree all'interno delle loro comunità, tra cui gli edifici e i quartieri storici, le aree in difficoltà lungo le linee di transito esistenti e le aree lungo e adiacenti ai corsi d'acqua. Per gli edifici storici non occupati che sono in buone condizioni fisiche, le amministrazioni locali possono offrire un credito d'imposta ai potenziali affittuari come incentivo a localizzare le loro attività nella struttura. Un'altra tecnica per mantenere la conservazione dei quartieri o degli edifici storici che le amministrazioni locali possono attuare è quella di avviare una partnership con un'organizzazione non governativa locale per creare un fondo di prestito rotativo (ICMA, 2003). Questi fondi possono essere avviati attraverso sovvenzioni iniziali concesse alle organizzazioni non governative da donatori volenterosi. Man mano che il fondo cresce, i prestiti possono essere distribuiti ai costruttori che promettono di utilizzare il denaro per la manutenzione o il recupero dell'area. Questi prestiti a basso interesse vengono poi restituiti al fondo dagli sviluppatori per essere utilizzati in futuri progetti di conservazione storica (ICMA, 2003). La Pittsburgh History and Landmarks Foundation gestisce un fondo di prestiti rotativi per la conservazione storica fin dagli anni Sessanta. Negli ultimi decenni, la fondazione ha erogato prestiti ai costruttori che non solo accettano di preservare il distretto storico, ma anche di fornire alloggi a prezzi accessibili all'interno del distretto (PHLF, 2006).

Le amministrazioni locali possono anche riqualificare le aree lungo le linee di transito esistenti per incoraggiare l'uso dei mezzi di trasporto pubblici. Offrendo incentivi ai costruttori per concentrare i centri di ristorazione e intrattenimento vicino alle fermate dei mezzi di trasporto, le amministrazioni locali possono contribuire a mantenere queste aree sicure e attraenti. Le amministrazioni locali possono anche utilizzare i fondi per il trasporto per fornire alloggi in prossimità delle stazioni di transito. Il governo di San Mateo, in California, riserva il 10% dei fondi per i trasporti assegnatigli dallo Stato come incentivo per i costruttori a costruire alloggi vicino alle stazioni di transito (Dodge, 2002).

Se i costruttori scelgono di collocare le abitazioni entro un terzo di miglio da una stazione di transito, possono ricevere dal governo di San Mateo fino a 2.000 dollari per ogni camera da letto costruita (Dodge, 2002). Durante il primo ciclo del programma, sono stati assegnati 2,3 milioni di dollari agli sviluppatori che hanno costruito un totale di 1.282 camere da letto (Dodge, 2002).

Applicabili alle amministrazioni locali i cui comuni sono situati sull'acqua o lungo l'acqua, gli incentivi possono essere dati agli sviluppatori per incoraggiare la rivitalizzazione dei waterfront. La città di Baltimora ha rivitalizzato il suo Inner Harbor offrendo agli sviluppatori incentivi finanziari per la costruzione di un acquario, hotel, ristoranti, negozi al dettaglio e un centro congressi (ICMA, 2003). La città di New York ha rivitalizzato le rive del fiume Hudson stipulando un contratto con i costruttori per costruire l'Hudson River Park. Il parco comprende spazi aperti, percorsi pedonali, piste ciclabili, 13 moli pubblici e diverse aree di sosta (www.hudsonriverpark.org, 2006).

Per garantire il successo dello sviluppo e della riqualificazione delle aree esistenti, le amministrazioni locali devono assicurarsi di trattenere le imprese all'interno di tali aree e cercare di reclutarne di nuove che si integrino al meglio con le competenze professionali dei residenti dell'area. Un modo in cui le amministrazioni locali possono trattenere le imprese è quello di offrire ai proprietari di casa incentivi per l'insediamento in prossimità di tali imprese. Questo metodo contribuisce a scoraggiare le imprese dal trasferirsi in aree più popolate e a ridurre i lunghi tempi di percorrenza che molti residenti devono sopportare per recarsi dalle loro case di periferia ai centri commerciali. In collaborazione con il governo statale, le amministrazioni locali del Maryland stanno sperimentando uno di questi programmi. Per i cittadini interessati a partecipare al programma, lo Stato del Maryland, l'amministrazione locale pertinente e il datore di lavoro contribuiranno ciascuno con 1.000 dollari a un dipendente che sceglie di vivere entro una determinata distanza dal proprio datore di lavoro, da destinare all'acconto di una casa (Stato del Maryland, 2006). I comuni dell'area metropolitana di Minneapolis/St. Paul, Minnesota, si sono associati per creare il Greater Minnesota Housing Fund. Se i datori di lavoro dell'area accettano di fornire ai propri dipendenti un'assistenza per il pagamento dell'acconto, il fondo corrisponderà il contributo del datore di lavoro per aiutare i dipendenti a trovare un alloggio vicino al luogo di lavoro (GMHF, 2006).

Le amministrazioni locali possono anche fornire assistenza all'acquisto di una casa ai residenti che desiderano stabilirsi in aree riqualificate attraverso il loro sostegno finanziario ai community land trust. Contribuendo con fondi a persone che desiderano diventare potenziali proprietari di case, questi trust aiutano a ridurre l'onere finanziario della proprietà di una casa agendo come agenti di locazione a lungo termine e a basso interesse. In sostanza, questi trust forniscono denaro ai proprietari di case per un periodo di tempo predefinito, al fine di aiutarli a pagare le rate di una casa. Inizialmente di proprietà dei trust, queste case vengono poi rese disponibili per l'acquisto da parte degli inquilini al termine del periodo di locazione (ICMA, 2001). In molti casi, gli alloggi esistenti nelle aree destinate alla riqualificazione sono diventati troppo degradati per essere occupati. Per rinnovare queste proprietà, i governi locali possono creare programmi per incoraggiare la ristrutturazione delle case durante il periodo di riqualificazione. Questi programmi possono essere finanziati attraverso sovvenzioni, prestiti a basso costo, agevolazioni fiscali e programmi di garanzia della casa (ICMA, 2001). Il primo programma di garanzia del capitale proprio della casa è stato istituito nella comunità di Oak Park, Illinois, un vecchio sobborgo di Chicago (ICMA, 2003). Questo programma utilizzava i fondi generati dalle imposte sulla proprietà. Questi fondi sono stati utilizzati per garantire ai proprietari di case in aree di riqualificazione all'interno di Oak Park che la loro proprietà non avrebbe perso valore in seguito ai progetti di riqualificazione (ICMA, 2003). A partire dal 2003, il programma non ha dovuto pagare una sola richiesta di risarcimento presentata dai residenti che vi partecipavano (ICMA, 2003).

Miscelazione di usi del suolo

Orientare lo sviluppo verso le aree esistenti è una componente importante della filosofia della crescita intelligente. Tuttavia, dopo aver impiegato tecniche per garantire la direzione futura dello sviluppo e della riqualificazione, l'amministrazione locale deve stabilire in che modo i progetti di sviluppo verranno realizzati. La crescita intelligente suggerisce di mescolare gli usi di questi progetti. Le comunità che sono in grado di mescolare le destinazioni d'uso migliorano la qualità della vita dei residenti, eliminando i tempi di percorrenza, diversificando lo stile dell'area e potenziando la base commerciale della zona (ICMA, 2001). Oggi, in molte città, i requisiti di zonizzazione tengono le aree residenziali lontane dai quartieri commerciali, dai centri di vendita al dettaglio, dalle aree ricreative e dalle scuole (ICMA, 2001). I modelli di utilizzo del territorio separati creano spesso uno squilibrio tra posti di lavoro e alloggi all'interno di una comunità (ICMA, 2001).

Anche le attuali norme di zonizzazione possono costituire un ostacolo per un'amministrazione locale quando si cerca di mescolare le destinazioni d'uso del territorio. Poiché molti di questi regolamenti sono governati dallo Stato, le amministrazioni locali possono avere difficoltà ad apportare cambiamenti radicali al loro quadro di riferimento urbanistico (ICMA, 2001). Tuttavia, le amministrazioni locali possono adottare codici di crescita intelligente che agiscano in parallelo con la regolamentazione urbanistica esistente. I codici paralleli rendono legale lo sviluppo di progetti a uso misto e consentono agli sviluppatori di scegliere di lavorare su progetti regolati dai codici di zonizzazione convenzionali. La città di Fort Myers Beach, in Florida, ha adottato codici paralleli che eliminano i requisiti di arretramento e di area cortiliva, consentendo agli sviluppatori di utilizzare metodi di costruzione compatti (APA, 2006).

Le amministrazioni locali di solito sviluppano o modificano i loro piani generali ogni 5-10 anni (ICMA, 2003). Per aumentare lo spazio riservato ai progetti di uso misto del territorio, le amministrazioni locali possono aggiornare questi piani con obiettivi di uso misto del territorio. Inoltre, le amministrazioni locali possono applicare standard di applicazione sia ai loro piani generali che ai regolamenti urbanistici per garantire che gli usi del territorio non siano incompatibili tra loro e che siano specifici per l'area (ICMA, 2003). Ad esempio, la città di Grand Rapids, Michigan, ha progettato il piano di sviluppo congiunto della North East Beltline con standard per garantire che usi come quelli residenziali, commerciali e uffici mantengano un rapporto funzionale (ICMA, 2003).

Oltre all'adozione di codici intelligenti paralleli nel loro quadro di zonizzazione, le amministrazioni locali possono utilizzare diverse altre tecniche di zonizzazione per combinare usi del territorio conformi ai principi della crescita intelligente. La creazione di zone di sovrapposizione e di zone di sviluppo unitario pianificato (PUD) consente ai governi locali di consentire un'applicazione speciale dell'uso del suolo in aree mirate. "Un PUD prevede anche la possibilità di mescolare usi del suolo e tipi di case" (Platt, 2004:271). L'obiettivo di queste tecniche di zonizzazione è quello di "ottenere una qualità più elevata dello sviluppo, con una diversità di usi e la conservazione dello spazio aperto" (Platt, 2004:271). Nei casi in cui le aree si trovino in una fase di transizione dello sviluppo, i governi locali possono implementare la zonizzazione flessibile. La zonizzazione flessibile consente agli sviluppatori di cambiare il tipo di utilizzo di un edificio senza dover ottenere una variante dalla commissione locale per la regolazione della zonizzazione (ICMA, 2001).

Oltre all'adeguamento dei codici di zonizzazione, le amministrazioni locali possono fornire un pacchetto di incentivi per incoraggiare gli sviluppatori che accettano di costruire progetti a uso misto all'interno di aree infill o di aree destinate alla riqualificazione. Uno di questi incentivi può assumere la forma di una partnership di investimento azionario tra un'amministrazione locale e uno o più sviluppatori. Ad esempio, la città di Albuquerque, nel Nuovo Messico, possedeva un appezzamento di terreno che voleva riqualificare in un distretto di intrattenimento ad uso misto di livello mondiale. In quanto proprietaria della proprietà, la città è diventata un partner di investimento con diversi sviluppatori. Le parti hanno concordato di dividere i rendimenti di questo investimento, restituendo i rendimenti a breve termine agli sviluppatori e ricompensando la città con i rendimenti a lungo termine (Leinberger, 2001). Un altro incentivo che può essere utilizzato è la riduzione delle tasse. La città di Elgin, nell'Illinois, ha concesso agevolazioni fiscali ai costruttori per riqualificare gli esercizi commerciali in via di esaurimento situati nel centro di Elgin, al fine di incoraggiare la costruzione di progetti residenziali e commerciali a uso misto (ICMA, 2003). Dal 1999, questo programma ha contribuito a riqualificare 12 siti in progetti residenziali e commerciali. Di conseguenza, la città di Elgin ha visto aumentare la popolazione del suo centro dopo anni di declino (ICMA, 2003).

Diversi tipi di strutture sono l'obiettivo principale per la riqualificazione di progetti a uso misto.

I vecchi centri commerciali e gli strip center fatiscenti sono spesso situati su grandi appezzamenti di terreno. Quando diventano degradati e obsoleti, le amministrazioni locali possono registrare grandi perdite di gettito fiscale sia sulla proprietà che sul terreno, che potrebbero essere recuperate convertendo le strutture in strutture a uso misto (ICMA, 2001). La città di Boca Raton, in Florida, ha convertito con successo un grande spazio commerciale in declino, noto come Mizner Park, in uno sviluppo che consisteva in negozi al piano terra e condomini al piano superiore (ICMA, 2001). In tutto il Paese ci sono altre centinaia di centri commerciali e strip center abbandonati che possono essere convertiti proprio come Mizner Park (CNU e PriceWaterhouseCoopers, 2001). Una volta riqualificate queste aree, è possibile che altri sviluppatori siano incoraggiati a incrementare gli investimenti nell'area circostante, portando a maggiori flussi di entrate per le amministrazioni locali. Anche i magazzini del centro città non più utilizzati possono essere l'obiettivo principale per la riqualificazione di progetti a uso misto, con unità residenziali, ristoranti e negozi al dettaglio. Le città possono anche riqualificare parchi uffici e altre strutture commerciali e trasformarli in strutture a uso misto. La città di Plano ha trasformato il suo Legacy Office Park in un centro cittadino, ristrutturando il parco con negozi al dettaglio e appartamenti. La città prevede anche di aggiungere al progetto ristoranti e aree verdi nel prossimo futuro (ICMA, 2001).

Un'altra idea interessante per le amministrazioni locali che cercano di mescolare le destinazioni d'uso dei terreni all'interno dei distretti di riqualificazione è quella di chiedere ai costruttori di creare villaggi residenziali piuttosto che grandi suddivisioni convenzionali. In teoria, questi villaggi funzionano come piccoli quartieri del centro.

Questi tipi di quartieri includono negozi di alimentari su piccola scala e mantengono spazi aperti per parchi e altri usi ricreativi, come parchi giochi, piscine e campi da tennis. La città di Columbia, nel Maryland, ha sviluppato una serie di villaggi collegati da un centro che comprende la scuola e le strutture ricreative del quartiere. Poiché nessun abitante di questi villaggi vive a più di un miglio dal centro, i residenti possono scegliere di raggiungerlo in auto, in bicicletta o a piedi (Lockwood, 2003).

Pratiche di progettazione per le aree di riqualificazione

Oltre a stabilire programmi e politiche per controllare la crescita all'interno delle aree esistenti e a incoraggiare i costruttori, attraverso pacchetti di incentivi, a sviluppare progetti di uso misto del territorio, i governi locali che seguono la filosofia della crescita intelligente dovrebbero progettare linee guida per affrontare le dimensioni, la forma e lo stile degli edifici da costruire. Per preservare il territorio in modo che la comunità possa sviluppare al meglio le aree di infill, i governi locali possono anche fornire agli sviluppatori incentivi che incoraggino la progettazione di edifici compatti.

Uno dei primi passi che un'amministrazione locale può compiere per creare spazio aggiuntivo è quello di ridurre i parcheggi di superficie fuori strada. I parcheggi fuori strada possono consumare molti isolati di terreno nei quartieri del centro (EPA, 1999). La sostituzione di questi lotti con parcheggi su strada o parcheggi a raso consente di riqualificare lo spazio consumato dai vecchi parcheggi fuori strada per generare entrate fiscali per la comunità. La costruzione di grandi parcheggi a più livelli in aree un tempo occupate da parcheggi fuori strada può essere un'impresa costosa, soprattutto per l'investimento iniziale. Tuttavia, le amministrazioni locali possono iniziare a recuperare la spesa non appena il terreno risparmiato grazie alla sostituzione del parcheggio con una piattaforma viene riqualificato (EPA, 1999). Le amministrazioni locali che non sono in grado di pagare per la costruzione di un parcheggio a raso possono far ricadere l'onere sui costruttori, addebitando una tassa se il costruttore si rifiuta di costruire un parcheggio a raso, oppure fornendo incentivi finanziari ai costruttori che scelgono di costruire parcheggi a raso.

Le amministrazioni locali possono utilizzare i bonus di densità come incentivo agli sviluppatori per adeguare la scala dei nuovi edifici alle dimensioni della strada in cui si trovano, o per avvicinare gli edifici alla linea del lotto per calmare il traffico pedonale e rendere più piacevole la passeggiata (ICMA, 2003). Se i costruttori scelgono di superare i requisiti di densità stabiliti dalla città, le amministrazioni locali possono chiedere loro di contribuire con un'utilità pubblica. I bonus di densità sono stati utilizzati nella città di Bellevue, Washington, per garantire spazi commerciali al piano terra. La città di Arlington, in Virginia, ha utilizzato i bonus per lasciare spazio a spazi commerciali e residenziali vicino a una stazione di transito pubblico in un edificio originariamente progettato per uso ufficio. Di conseguenza, la città di Arlington è riuscita a creare un quartiere aperto 24 ore su 24 pieno di case, uffici, negozi al dettaglio e ristoranti, tutti situati vicino a una fermata del trasporto (ICMA, 2001).

Per rendere il centro e i quartieri urbani più piacevoli per i pedoni, le amministrazioni locali dovrebbero cercare di garantire un accesso immediato agli spazi aperti nei luoghi compatti.

Questi possono assumere la forma di spazi verdi urbani, parchi, giardini, piazze e campi da gioco. Uno degli obiettivi della filosofia della crescita intelligente è facilitare la possibilità per i cittadini di raggiungere le proprie destinazioni a piedi (SGA, 2005). Tenendo presente questo obiettivo, le amministrazioni locali possono adottare misure per raggiungerlo all'interno dei quartieri urbani riqualificati e del centro città. Dotare le strade più trafficate di marciapiedi aiuta a mantenere la sicurezza dei pedoni. I finanziamenti per i marciapiedi sono disponibili per le amministrazioni locali sotto forma di sovvenzioni nell'ambito del TEA-21, che possono essere fornite ai costruttori (ICMA, 2001). Per garantire la sicurezza dei pedoni, le amministrazioni locali dovrebbero anche incoraggiare i costruttori a costruire delle mediane paesaggistiche tra la strada e i marciapiedi, che fungano da zona cuscinetto per il traffico automobilistico.

La crescita intelligente incoraggia anche i governi locali a rafforzare le loro comunità dando loro un senso del luogo. Un modo per raggiungere questo obiettivo è pubblicizzare e identificare la comunità con elementi visivi attraenti. L'uso di spunti visivi attraenti per definire la comunità aiuta anche a incoraggiare i cittadini a partecipare alle attività della comunità (ICMA, 2001). Le amministrazioni locali possono identificare le attrazioni che promuovono gli spostamenti a piedi, l'interazione sociale e le opportunità di intrattenimento. Le amministrazioni locali possono concedere permessi ai venditori ambulanti, consentendo loro di fornire servizi sui marciapiedi per accogliere i pedoni. Mantenere l'attrattiva della comunità, insieme all'uso di spunti visivi, può anche aiutare a promuovere la consapevolezza della comunità, a scoraggiare la criminalità e a migliorare il capitale sociale (ICMA, 2003).

Preservare lo spazio aperto

Prima di sviluppare nuovi terreni, la crescita intelligente suggerisce ai governi locali di adottare misure per preservare gli spazi aperti. Esistono diverse tecniche che i governi locali possono attuare per conservare queste aree, tra cui il trasferimento dei diritti di sviluppo (TDR) e l'acquisto dei diritti di sviluppo (PDR). Il TDR "cerca di proteggere i terreni e gli habitat naturali spostando lo sviluppo in altri luoghi" (Burchell et al., 2000:853).

Secondo Platt (2004) il TDR comporta:

Eliminare i diritti di sviluppo da un sito di conservazione da mantenere nella sua condizione attuale e trasferirli a un sito ricevente in cui è accettabile una densità superiore al normale. Il venditore del diritto di sviluppo registrerebbe una restrizione permanente allo sviluppo futuro, alla suddivisione o alla modifica del sito. Il proprietario del sito preservato mantiene i diritti d'uso esistenti e riceve una compensazione per il valore di sviluppo rinunciato. Il pubblico si assicura la conservazione del sito senza pagare, e l'acquirente del diritto di sviluppo ottiene l'approvazione legale per un progetto più redditizio (271).

I programmi PDR consentono a un'unità governativa o a un'organizzazione non profit di acquistare i diritti di sviluppo di un terreno. Con l'acquisto, il precedente proprietario del terreno mantiene il titolo e il controllo residuo del terreno. Tuttavia, una volta effettuato l'acquisto, sul terreno viene posta una servitù di conservazione che ne garantisce l'uso continuo come terreno agricolo o spazio aperto (Burchell et al., 2000).

Oltre all'uso di TDR e PDR, ci sono altre opzioni che i governi locali possono esplorare per facilitare l'acquisizione di spazi aperti. Il Programma spazi aperti del Maryland fornisce ai comuni il 100% dei finanziamenti necessari per l'acquisizione di spazi aperti (Stato del Maryland, 2006). Inoltre, il programma fornisce il 75% dei fondi necessari ai comuni per la manutenzione dei parchi locali (Stato del Maryland, 2006). Attualmente, più di 2.800 progetti locali sono stati finanziati dal programma (Stato del Maryland, 2006). Altre misure che i governi locali possono adottare per preservare gli spazi aperti sono: consentire ai fondi fondiari di competere per la conservazione, collegare i piani di conservazione locali con i piani di trasporto locali e collaborare con organizzazioni non governative per acquisire e proteggere aree aperte selezionate (ICMA, 2003). Una volta che lo spazio aperto selezionato è stato acquisito e conservato, è anche responsabilità dei governi locali proteggere le fonti di acqua potabile. Ciò può essere realizzato proteggendo i terreni a monte di queste fonti da vari contaminanti e inquinanti attraverso la costruzione di barriere contro il deflusso (ICMA, 2001).

Esistono anche diverse tecniche di zonizzazione che le amministrazioni locali possono utilizzare per preservare gli spazi aperti e indirizzare lo sviluppo verso aree prestabilite. Uno di questi strumenti è la zonizzazione dello sviluppo a grappolo. Secondo Burchell et al. (2000), "lo sviluppo a grappolo mira a intensificare gli effetti dello spazio aperto localizzato. Concentra lo sviluppo in un'area preservando le restanti sezioni del tratto come spazio aperto" (851).

Scelte e opportunità abitative

La crescita intelligente incoraggia i governi locali a consentire a tutti i cittadini di condividere i benefici della comunità. Un modo in cui le amministrazioni locali possono raggiungere questo obiettivo è quello di garantire che le opportunità abitative nell'intera comunità siano disponibili per le famiglie di tutti i livelli di reddito (SGA, 2005). Le amministrazioni locali possono implementare due tipi di strumenti di zonizzazione, snellire il processo di sviluppo e fornire una serie di incentivi finanziari per garantire alloggi adeguati per tutti.

Le ordinanze di zonizzazione inclusiva richiedono che una parte di ogni nuovo sviluppo abitativo, al di là di una determinata soglia, sia offerto a un prezzo accessibile ai residenti con reddito medio-basso. Il Moderately Priced Dwelling Unit Program della Contea di Montgomery, Maryland, ha creato più di 10.000 unità abitative a prezzi accessibili dal 1974 (ICMA, 2001). Il programma del Maryland prevede che il 12,5-15% di tutte le unità costruite in complessi residenziali di oltre 50 unità sia riservato a famiglie a reddito moderato che guadagnano circa il 60% del reddito mediano della contea (ICMA, 2001). Queste unità possono essere acquistate dai residenti o vendute a gruppi no-profit che le affittano a famiglie che soddisfano i criteri stabiliti. Le ordinanze di incentivazione includono clausole che prevedono l'esenzione dalle tasse d'impatto e danno priorità ai programmi di crescita intelligente attraverso l'assegnazione di fondi per l'edilizia abitativa e di fondi federali Community Development Block Grant (Morris, 2000).

Le amministrazioni locali possono anche snellire il processo di revisione dello sviluppo quando i progetti includono unità abitative a prezzi accessibili o concedere un'approvazione globale ai progetti che includono unità abitative a prezzi accessibili (ICMA, 2003). Inoltre, le amministrazioni locali possono utilizzare incentivi finanziari come le riduzioni fiscali per incoraggiare i costruttori a produrre unità abitative a prezzi accessibili. La città di Olympia, Washington, utilizza una tecnica di abbattimento fiscale attraverso il suo programma di esenzione dalle imposte sulla proprietà. Se i costruttori accettano di costruire almeno 4 unità abitative multifamiliari all'interno del loro progetto in un'area di riqualificazione mirata specificata dalla città, possono essere esentati dalle imposte sulla proprietà dell'intero progetto per un periodo di dieci anni (City of Olympia, 2006).

Design tradizionale del quartiere

Nello sviluppo di nuovi quartieri, la crescita intelligente suggerisce ai governi locali di stipulare contratti con sviluppatori che implementino tecniche tradizionali di progettazione dei quartieri (SGA, 2005). I modelli tradizionali di progettazione dei quartieri includono caratteristiche come centri e bordi ben definiti, isolati di breve lunghezza, strade di larghezza ridotta, mediane paesaggistiche, marciapiedi, cerchi per il traffico al posto dei semafori, dossi, e una diversità di tipi e stili abitativi (ICMA, 2001).

Il gruppo forse più diffuso della scuola tradizionale di progettazione dei quartieri è quello dei "Nuovi Urbanisti". Il movimento "New Urbanist" incorpora molti obiettivi della filosofia della crescita intelligente nelle proprie tecniche di progettazione, impiegando strategie per garantire che i loro "quartieri siano diversificati, compatti, a uso misto, orientati ai pedoni e al transito" (Bohl, 2000:762). Alcuni esempi di comunità New Urbanist sono Seaside e Celebration in Florida, Mount Laurel e Ross Bridge in Alabama e Kentlands nel Maryland. Come citato in Bohl (2000), secondo Leccese e McCormick (2000), "il New Urbanism aspira a fornire un'alternativa alla dispersione suburbana, rivitalizzando al contempo le città esistenti in modo coerente con l'urbanesimo tradizionale" (765). Il quartiere New Urbanist è progettato per mantenere l'atmosfera urbana tradizionale, in modo che ogni residente sia in grado di raggiungere a piedi il centro del quartiere in 5-10 minuti (Bohl, 2000). I New Urbanist vogliono creare "comunità percorribili a piedi" (ICMA, 2001). L'obiettivo è collegare tutto, accorciando i tempi di guida, ma soprattutto dando alle persone la possibilità di raggiungere le loro destinazioni a piedi (ICMA, 2001). La filosofia neo-urbanista "riconosce che gli ideali di pianificazione fisica hanno un significato e un'importanza più profondi della semplice architettura interessante e della buona progettazione del sito" (Talen, 2002:184). Barnett (2000) ritiene che il New Urbanism sia unico perché cerca di risolvere sia i problemi sociali che quelli ambientali. Secondo lo statuto del Congress for the

New Urbanism, i principi di progettazione del movimento New Urbanist cercano di raggiungere tre obiettivi sociali: comunità, equità sociale e bene comune (Talen, 2002). Alcuni critici (Silver, 1985; Banerjee & Baer, 1984) non sono d'accordo con l'affermazione che i principi di progettazione possano rafforzare una comunità, fornire equità sociale o migliorare il bene comune. Tuttavia, Talen (2002) sostiene che gruppi diversi in prossimità possono trovare un legame comune, condividere interessi comuni e rafforzare l'aspetto comunitario. Talen (2000) sostiene inoltre che i quartieri compatti, a uso misto e orientati al transito contribuiscono a promuovere l'equità sociale, offrendo ai residenti un migliore accesso ai beni pubblici e agli alloggi privati. Inoltre, mescolare le unità abitative in base ai livelli di reddito "è uno degli unici modi in cui i pianificatori possono avere un effetto sulla limitazione delle concentrazioni di povertà e permette [ai governi] di distribuire le risorse in modo geograficamente equo" (Talen, 2002:181).

I quartieri New Urbanist sono stati criticati per il fatto che fanno appello alle preferenze abitative della classe media e alta piuttosto che a quelle delle famiglie a reddito medio-basso (Pyatok, 2000). Tuttavia, i sostenitori del New Urbanist sostengono che questo appeal è legato alle richieste del mercato, dando la colpa al mercato invece che alla progettazione.

"Il New Urbanism è regolarmente criticato perché non accessibile per le fasce di reddito medio-basse. L'esempio preferito è quello di Seaside, in Florida, che ha rappresentato la prima applicazione su larga scala dei concetti del New Urbanist. Sebbene la città si sia trasformata in una località di villeggiatura ad alto prezzo per i ricchi, ciò è dipeso dal mercato immobiliare, non dal costo del progetto urbano sottostante" (Bohl, 2000:782).

Rybczynski (1993) sostiene che "questi argomenti evocano la visione puritana secondo cui l'edilizia sociale non dovrebbe essere di lusso" (83). In realtà, il Dipartimento per gli alloggi e lo sviluppo ha implementato l'uso di tecniche new urbanist nella costruzione di unità abitative all'interno dei progetti HOPE VI (Bohl, 2000). Se i governi locali riusciranno a impiegare alcune delle tecniche politiche utilizzate per garantire la disponibilità di unità abitative a prezzi accessibili discusse nella sezione precedente, è possibile che queste tendenze del mercato possano essere eliminate.

Trasporto

La filosofia della crescita intelligente incoraggia i governi locali a fornire alle loro comunità l'accesso a molti mezzi di trasporto. Sebbene la crescita intelligente presupponga il mantenimento dell'automobile come mezzo di trasporto principale per i cittadini, essa riconosce anche la necessità per i governi locali di finanziare alternative di trasporto multimodali (SGA, 2005). Diverse città come St. Louis, Denver, Portland, Dallas, Baltimora, Los Angeles e Memphis hanno implementato sistemi di metropolitana leggera come mezzo di trasporto pubblico (Burchell et al, 2000). Questi sistemi sono meno costosi dei tradizionali sistemi ferroviari e metropolitani e possono essere considerati come moderni trolley o tram (Burchell et al, 2000).

Un'altra alternativa di trasporto di massa che sta guadagnando popolarità è il Bus Rapid Transit (BRT). Il Bus Rapid Transit (BRT) è essenzialmente un autobus che opera a velocità simili a quelle di una monorotaia e può essere costruito per operare su infrastrutture come autostrade interstatali e autostrade già esistenti. Secondo il General Accounting Office del governo degli Stati Uniti, la costruzione del BRT è più economica del 300% rispetto ai sistemi di transito su rotaia leggera. Infatti, il costo medio per miglio di un BRT si aggira tra i 10 e i 15 milioni di dollari per miglio (GAO, 2001). Inoltre, invece di avere percorsi fissi come i sistemi di metropolitana leggera, i BRT sono flessibili e possono essere deviati periodicamente per adattarsi ai cambiamenti del traffico. Inoltre, i BRT raggiungono in media velocità costanti di 30 miglia all'ora, rispetto alle 10-15 miglia all'ora raggiunte in media dai sistemi di metropolitana leggera (GAO, 2001).

Oltre a queste forme di sistemi di trasporto di massa, le amministrazioni locali possono implementare programmi che aiutino a calmare il traffico automobilistico e allo stesso tempo aiutino l'ambiente riducendo la quantità di sostanze inquinanti emesse dalle automobili. Le amministrazioni locali possono incoraggiare il car pooling creando corsie preferenziali accessibili solo alle auto con due o più passeggeri. Inoltre, possono implementare l'uso di tariffe di pedaggio variabili come incentivo per i cittadini che fanno car pooling (ICMA, 2003).

Riassunto

La crescita intelligente è ancora agli inizi. Il capitolo precedente ha identificato molti meccanismi politici che i governi locali possono attuare per iniziare a realizzare la crescita intelligente, e sicuramente ce ne saranno molti altri ancora da sperimentare. Tuttavia, la filosofia della crescita intelligente è adattabile e continuerà a evolversi per diventare una guida di pianificazione ancora più efficace. Sebbene l'uso di tecniche di crescita intelligente possa aiutare le amministrazioni locali ad affrontare i problemi causati da decenni di modelli di sviluppo disordinato, il successo di queste tecniche non può essere pienamente realizzato senza un onesto sforzo da parte delle amministrazioni locali di includere e incoraggiare il pubblico nel processo di sviluppo. È importante notare che l'obiettivo principale della filosofia della crescita intelligente è migliorare la qualità della vita di tutti. Pertanto, prima di procedere con qualsiasi piano di crescita intelligente, le amministrazioni locali devono coinvolgere i propri cittadini per comprendere e identificare meglio i problemi che intendono risolvere.

CONCLUSIONE

I tempi sono maturi per passare da un modello di sviluppo tentacolare a politiche progettate per conformarsi a un'agenda di crescita intelligente. Nei prossimi anni, i pensionati della generazione del "baby boom", gli immigrati provenienti da tutto il mondo e i nuovi giovani professionisti cercheranno di stabilirsi in città centrali che offrono un'ampia gamma di attività culturali e un forte senso di comunità (Burchell et al., 2000). I gruppi di minoranza, molti dei quali hanno avuto opportunità educative ed economiche limitate, si trasferiranno in periferia alla ricerca di scuole e posti di lavoro migliori (Burchell et al., 2000). Allo stesso tempo, molti gruppi stanno emergendo per opporsi allo sprawl. Le imprese che cercano di ampliare la propria base occupazionale, i conservatori del patrimonio storico, i residenti della classe operaia dei sobborghi più interni, i sostenitori della riforma scolastica, le organizzazioni a favore del buon governo e le mamme che vogliono ridurre i tempi di viaggio sono tutti sostenitori della pianificazione della crescita intelligente. Tuttavia, questi gruppi devono unirsi in una lobby per esercitare una pressione e un'influenza sufficienti sui funzionari governativi, in modo che i problemi derivanti dallo sprawl possano essere presi in considerazione con la massima priorità.

La barriera che potrebbe essere più difficile da superare è il conflitto intrinseco tra i cittadini sul significato di libertà. Mentre alcuni sostengono che la libertà dovrebbe essere definita come la possibilità di lavorare e giocare senza restrizioni governative, altri potrebbero suggerire che la filosofia della crescita intelligente limita gli ideali libertari su cui è stato fondato questo Paese, limitando la capacità di una persona di vivere dove vuole e di svilupparsi come vuole. Esiste anche un conflitto all'interno della società tra le economie del libero mercato e l'equità sociale. Gli oppositori alla crescita intelligente potrebbero sostenere che le tattiche di inclusione abitativa sono ipocrite nei confronti della democrazia e delle preferenze di mercato dei cittadini.

Un altro conflitto prevalente nella società americana è quello tra il miglioramento della singola famiglia e il miglioramento del bene comune. Poiché il bene comune è un termine difficile da definire, insieme ai risultati tangibili del miglioramento economico delle singole famiglie, il concetto di pianificazione per migliorare il bene comune può essere difficile da comprendere per molti. Sebbene i sostenitori della crescita intelligente sostengano che il miglioramento del bene comune porterà a maggiori opportunità economiche per tutti, la complessità del concetto e l'impossibilità di ottenere ricompense immediate rendono il processo difficile da vendere ai cittadini.

Non è detto che la maggior parte delle persone si opponga ai risultati promessi dalla filosofia della crescita intelligente, ma in molte comunità l'avvio del processo richiederà un cambiamento di mentalità basato sui valori. È facile per le persone sviluppare un consenso su ciò che dovrebbe accadere, ma è sempre più difficile convincere quelle stesse persone a realizzarlo. Ad esempio, molti funzionari eletti preferiscono le tradizionali strategie di sviluppo economico, come il reclutamento di stabilimenti e lo sviluppo di parchi di divertimento, perché forniscono ai loro elettori risultati facilmente identificabili e a breve termine. Vivono secondo il motto "sparare a tutto ciò che vola, reclamare tutto ciò che cade", perché vogliono rimanere al potere. Sebbene queste strategie siano in realtà antitetiche alla nuova economia di mercato globale (le filiali mantengono bassi i salari e annullano gli incentivi a cercare migliori opportunità di istruzione), esse soddisfano gli elettori e permettono ai funzionari di rimanere in carica.

Per questo motivo sostengo con forza il passaggio da funzionari eletti a manager professionisti dell'amministrazione locale. I manager professionisti aiutano le comunità a ridurre o eliminare i problemi politici che i funzionari eletti devono affrontare nel determinare la direzione degli obiettivi di pianificazione futura e le strategie di sviluppo economico.

Un altro ostacolo alla diffusione di una riforma globale della crescita intelligente è la volontà delle legislature statali di adottare o perseguire programmi di crescita intelligente. Come si legge nel rapporto 2002 dell'American Planning Association intitolato, *Planning for Smart Growth: 2002 State of the States*, solo un quarto degli Stati (DE, FL, GA, MD, NJ, OR, PA, RI, TN, VT, WA, WI) sta attuando "riforme da moderate a sostanziali della pianificazione della crescita intelligente a livello statale". Inoltre, circa il 20% degli Stati (AZ, CA, HA, ME, NE, NH, NY, TX, VA) "sta perseguendo emendamenti a livello statale che rafforzano i requisiti di pianificazione locale per includere tecniche di crescita intelligente" (APA 2002). Inoltre, un terzo degli Stati (AR, CO, CT, ID, IL, IA, KY, MA, MI, MN, MS, MO, NM, NC, SC) sta iniziando solo ora a perseguire le prime importanti riforme di pianificazione per le politiche di crescita intelligente (APA 2002). Infine, un quarto degli Stati (AL, AK, IN, KS, LA, MT, NE, ND, OH, OK, SD, WV, WY) non sta portando avanti una riforma della pianificazione della crescita intelligente a livello statale (APA 2002).

Pertanto, in almeno il 25% degli Stati, le località stanno attuando iniziative di crescita intelligente senza alcuna guida a livello statale. Inoltre, è interessante notare che la maggior parte degli Stati che hanno già attuato politiche di crescita intelligente a livello statale tendono a essere quelli più liberali o quelli con forti concentrazioni di popolazione (Howell-Moroney, 2006). Sebbene l'APA (2002) affermi che l'adozione della crescita intelligente a livello statale sia stata bi-partisan, gli Stati che adottano piani di crescita intelligente tendono ad essere quelli i cui cittadini mostrano un sostegno maggioritario per il Partito Democratico.

Il governo federale ha iniziato solo di recente a varare politiche di aiuto ai governi statali e locali che desiderano attuare programmi di crescita intelligente. L'Agenda per la vivibilità del 1999 fornisce fondi ai governi locali per progetti di crescita intelligente, ma le sue linee guida sono ampie e non approvano una serie specifica di meccanismi politici. Nell'ultimo decennio, il Dipartimento per l'edilizia residenziale e lo sviluppo ha creato complessi residenziali a reddito misto attraverso il progetto HOPE VI, ma i suoi successi non sono ancora del tutto misurabili. I precedenti tentativi del governo federale di ridurre lo sprawl limitando l'uso dell'automobile attraverso leggi come il Clean Air Act del 1990 sono stati annullati a causa delle forze imposte dalle tendenze del mercato (Burchell et al., 2000). In effetti, le tendenze del mercato possono essere il principale ostacolo alla crescita intelligente. Negli ultimi dieci anni, il car pooling è diminuito del 30%, l'80% dei lavoratori si reca al lavoro in auto da solo e la domanda di garage per più auto è salita alle stelle (Burchell et al., 2000). I leader locali sono stati diffidenti nel contrastare le tendenze del mercato e, per la maggior parte, sono rimasti in silenzio. Una delle barriere di mercato che limitano l'attuazione di riforme più complete della crescita intelligente è la preoccupazione per la capacità degli sviluppatori di finanziare sviluppi abitativi che includano unità abitative a prezzi accessibili. Secondo Gyourko e Rybczynski (2000), "il rischio relativamente alto percepito per questi progetti impone tassi di rendimento relativamente alti, che a loro volta richiedono che questi progetti generino rapidamente flussi di cassa per essere finanziariamente interessanti per gli investitori" (733). Le banche e gli altri investitori sono riluttanti a finanziare questi progetti, a meno che il promotore non sia una grande impresa con un patrimonio consistente. Di conseguenza, questo tipo di aziende sembra più disposto a sviluppare progetti come i quartieri di grandi dimensioni che generano costantemente profitti.

Tuttavia, a fronte di queste barriere, gli elettori stanno approvando in modo schiacciante le misure di crescita intelligente a livello locale. Secondo Burchell et al. (2000), quasi il 75% delle oltre 500 iniziative locali di crescita intelligente sono state approvate nelle elezioni del 2000. Sebbene i piani di crescita intelligente vengano attuati in tutte le regioni del Paese, l'uso più comune delle tecniche di crescita intelligente si è concentrato nelle comunità del Pacifico nordoccidentale e in quelle altamente popolate lungo la costa orientale. Sono poche le comunità che hanno adottato programmi di crescita intelligente su larga scala. Alcune grandi città e aree metropolitane sparse per gli Stati Uniti si stanno concentrando sul miglioramento e sul riorientamento dei loro sistemi di trasporto pubblico, e numerose città più vecchie in tutto il Paese si stanno impegnando in programmi di riqualificazione delle aree industriali dismesse. Tuttavia, molte comunità stanno iniziando a prevedere e a costruire sviluppi ad uso misto del territorio.

Sebbene non vi siano molti oppositori vocali della crescita intelligente, la voce del movimento a favore della crescita intelligente potrebbe essere troppo ampia per attirare il sostegno di tutti. A meno che non si organizzi un movimento concertato in grado di persuadere l'opinione pubblica a invertire le barriere e le tendenze sopra citate, l'adozione diffusa di programmi di politica di crescita intelligente continuerà a essere un processo lento. L'adozione frammentaria di politiche di crescita intelligente da parte dei governi locali non risolverà i problemi derivanti dallo sprawl. L'attuazione di una piccola selezione di meccanismi di politica di crescita intelligente può in realtà servire a creare o intensificare tali problemi. I governi locali devono anche prestare attenzione ad attuare prima le politiche per prevenire l'espansione, poi a portare avanti un programma che tenti di risolvere i problemi da essa creati.

Affinché il movimento per la crescita intelligente prenda piede, i governi locali devono guidare l'iniziativa. Finora c'è stato poco consenso tra i comuni dell'area metropolitana per sviluppare strategie di crescita intelligente a livello metropolitano e verso l'esterno. Poiché ogni comune ha i propri interessi separati, è stato difficile far lavorare insieme i comuni metropolitani. Tuttavia, nel gioco a somma zero della competizione per lo sviluppo economico tra i comuni, i governi locali hanno l'incentivo a lavorare insieme per rafforzare la performance economica della regione nel suo complesso e per aumentare la qualità della vita di tutti i cittadini della regione. Affinché ciò avvenga, le giurisdizioni locali hanno bisogno di leader forti e professionali che sostengano la causa della crescita intelligente.

RIFERIMENTI

Abbott, C. (2002). Sprawl, concentrazione della povertà e disuguaglianza urbana. In G. Squires (a cura di), *Urban Sprawl: Cause, conseguenze e risposte politiche.* (pp. 207-235). Washington, DC: Urban Institute Press.

Associazione americana di pianificazione (2002). Pianificazione per la crescita intelligente: Stato degli Stati 2002. In *Smart Growth Shareware.* (2005). [CD-ROM]. Washington, DC: SmartGrowthAmerica.

Associazione americana di pianificazione (2006). *Modelli di codici di crescita intelligente.* Recuperato l'11 ottobre 2006 da www.planning.org/plnginfo/GROWSMAR/gsindex. html.

Banerjee, T. & Baer, W. (1984). Oltre l'unità di quartiere: Ambienti residenziali e politiche pubbliche. New York: Plenum.

Barnett, J. (2000). Cosa c'è di nuovo nel New Urbanism? In M. Leccese & K. McCormick (Eds.) *Carta del Nuovo Urbanesimo.* (pp. 5-11). New York: McGraw-Hill.

Progetto BioDiversità (2001). Lo sprawl è. In *Smart Growth Shareware.* (2005). [CD-ROM]. Washington, DC: SmartGrowthAmerica.

Bollinger, C., Berger, M., & E. Thompson. (2001). Smart Growth and the Costs of Sprawl in Kentucky: Phase I & II. Lexington, KY: Centro di ricerca economica e commerciale dell'Università del Kentucky .

Bohl, C. (2000). Il nuovo urbanesimo e la città: Potenziali applicazioni e implicazioni per i quartieri urbani in difficoltà. *Housing Policy Debate, 11(4},* 761801.

Brookings Institute (2004). Investire in un futuro migliore: A Review of the Fiscal and Competitive Advantages of Smarter Growth Development Patterns. In *Smart Growth Shareware.* (2005). [CD-ROM]. Washington, DC: SmartGrowthAmerica.

Burchell, R. (1992). *Valutazione dell'impatto del Piano interinale di sviluppo e riqualificazione dello Stato del New Jersey - Sintesi esecutiva.* Recuperato il 12 settembre 2006, da www.nj.gov/dca/osg/docs/iaexecsumm022892.pdf.

Burchell, R, & altri. (1998). I costi dell'espansione - rivisitati. Washington, DC: National Academy Press.

Burchell, R., Listokin, D. e Galley, C. (2000). Crescita intelligente: Più di un fantasma di

Il passato delle politiche urbane, meno di un nuovo audace orizzonte. *Dibattito sulle politiche abitative, 11(4}:* 821-879.

Burchell, R., & altri. (2002). I costi dello sprawl-2000. Washington, DC: National Academy Press.

Carlino, G. (2001). *Le ricadute della conoscenza: Il ruolo delle città nella nuova economia.* Recuperato il 12 settembre 2006, da www.phil.frb.org/files/br/brq401gc.pdf.

Center for Neighborhood Technology & Surface Technological Transportation Project. (2000). Spinta a spendere. In *Smart Growth Shareware.* (2005). [CD-ROM]. Washington, DC: SmartGrowthAmerica.

Cervero, R. (2000). Urbanizzazione efficiente: Performance economica e forma della metropoli. Istituto Lincoln di politica fondiaria.

Ciccone, A. e Hall, E. (1996). Produttività e densità dell'attività economica. *American Economic Review,* 86(1): 54-70.

Città di Olympia, Washington. (2006). *Programma di esenzione dalle tasse sulla proprietà.* Recuperato il 16 settembre 2006, da www.ci.olympia.wa.us.

Congresso per il Nuovo Urbanesimo e PricewaterhouseCoopers. (2001). Campi grigi in campi d'oro: Dai centri commerciali falliti ai grandi quartieri. San Francisco: Congress for the New Urbanism.

Dodge, S. (2002). *Organizzare con lo Stato dalla propria parte.* Recuperato il 5 ottobre 2006, da www.nhi.org/online/issues.

Duncan, J., & altri. (1989). La ricerca di modelli di crescita urbana efficienti: Uno studio sull'impatto fiscale dello sviluppo in Florida. Tallahassee, Florida: Ufficio di valutazione tecnologica.

Agenzia per la protezione dell'ambiente. (1999). *Alternative al parcheggio.* Recuperato l'11 ottobre 2006 da www.epa.gov/smartgrowth/publications.

Ewing, R., Pendall, R. e Chen, D. (2003). Misurare lo sprawl e il suo impatto. In *Smart Growth Shareware.* (2005). [CD-ROM]. Washington, DC: SmartGrowthAmerica.

Ewing, R. & Kostyack, J. (2005). *In pericolo per lo Sprawl.* Recuperato il 7 gennaio 2007, da www.smartgrowthamerica.org/ebsreport/EndangeredbySprawl.pdf. Più grande

Minnesota Housing Fund. (2006). *Informazioni generali.* Recuperato il 28 settembre 2006, da www.gmhf.com.

Gyourko, J. & Rybczynski, W. (2000). Il finanziamento dei progetti di nuova urbanistica: Ostacoli e soluzioni. *Housing Policy Debate, 11*(3): 733-750.

Hall, J. (2006). Strategie di sviluppo economico per la nuova economia. Recuperato l'11 ottobre 2006 da www.homepage.dpo.uab/~jlhall3/corsi/mpa691.html.

Harvard Joint Center for Housing Studies. (1999). Lo stato degli alloggi della nazione: 1999. Cambridge, MA: Harvard University Press.

Helling, A. (2002). Trasporti, uso del territorio e impatto dello sprawl sui bambini e le famiglie povere. In G. Squires (a cura di) *Urban Sprawl: Cause, conseguenze e risposte politiche.* (pp. 119-140). Washington, DC: The Urban Institute Press.

Howell-Moroney, M. (2006). Descrizione ed esplorazione dei recenti sforzi di crescita intelligente a guida statale. *Non pubblicato.*

Progetto sul fiume Hudson (2006). *Informazioni generali.* Recuperato il 7 gennaio 2007, da www.hudsonriverproject.org.

Associazione internazionale di gestione delle città. (2001). Arrivare alla crescita intelligente. In *Smart Growth Shareware.* (2005). [CD-ROM]. Washington, DC: SmartGrowth America.

Associazione internazionale di gestione delle città. (2003). Arrivare alla crescita intelligente 2. In *Smart Growth Shareware.* (2005). [CD-ROM]. Washington, DC: SmartGrowth America.

Istituto degli standard di trasporto. (1995). Effetti sulla salute dell'inquinamento atmosferico da veicoli a motore. Davis, CA: University of California Davis Press.

Jackson. K. (1985). Frontiera di granchio: The Suburbanization of the United States. New York, NY, Oxford University Press.

Jargowsky, P. (2002). Sprawl, concentrazione della povertà e disuguaglianza urbana. In G. Squires (a cura di). *L'espansione urbana: Cause, conseguenze e risposte politiche.* (pp. 3972). Washington, DC: The Urban Institute Press.

Ladd, H. (1994). Impatto fiscale della crescita della popolazione locale: Un'analisi concettuale ed empirica. *Scienza regionale ed economia urbana, 24:* 661-686.

Leccese, M. e McCormick, K. (2000). La Carta del Nuovo Urbanesimo. New York:

McGraw-Hill.

Leinberger, C. (2001). *Finanziamento dello sviluppo progressivo.* Recuperato il 7 gennaio 2007, da www.brookings.edu/cs/urban/capitalxchange/article3.html.

Lockwood, C. (2003). Alzare il livello: I centri urbani superano i tradizionali prodotti immobiliari suburbani. *Rivista Urban Land, febbraio 2003.*

Morris, M. (2000). Zonizzazione incentivante: Soddisfare gli obiettivi di progettazione urbana e di alloggi a prezzi accessibili. Associazione americana di pianificazione.

Campagna nazionale per gli immobili sfitti. (2005). Proprietà sfitte: Il vero costo per le comunità. In *Smart Growth Shareware.* (2005). [CD-ROM]. Washington, DC: SmartGrowthAmerica.

Nelson, A. & Peterman, D. (2000). La gestione della crescita è importante: L'effetto della gestione della crescita sulla performance economica. *Journal of Planning Education and Research* 19: 277-285.

Orfield, M. (2002). Metropolitica americana. Washington, DC, Brookings Institute Press.

Orfield, G. e Yun, J. (1999). La risegregazione nelle scuole americane. Cambridge, MA, Progetto per i diritti civili.

Peirce, N. (2000). Lo sprawl è legato alla criminalità come preoccupazione della comunità. *Oregonian, 5 marzo.*

Platt, R. (2004). Uso del suolo e società: Geografia, legge e politiche pubbliche. Washington, DC: Island Press.

Fondazione Pittsburgh History and Landmarks. (2006). *Informazioni generali.* Recuperato l'11 ottobre 2006, da www.phlf.org.

Porter, D. (1999). Verso l'est! Istituto per la gestione della crescita.

Pyatok, M. (2000). Martha Stewart contro Studs Terkel? Il nuovo urbanesimo e i quartieri delle città interne che funzionano. *Places,* 13: 40-43.

Real Estate Research Corporation. (1974). I costi dello sprawl: I costi ambientali ed economici di modelli alternativi di sviluppo residenziale ai margini delle città.

Rybczynski, W. (1993). Gli errori del Bauhaus: Architettura e edilizia residenziale pubblica. *PublicInterest* , 93: 82-90.

Savitch, H. (2002). Incoraggiare e poi curare: Washington e la macchina dello sprawl. In G. Squires (a cura di), *Urban Sprawl: Cause, conseguenze e risposte politiche.* (pp. 141-164). Washington, DC: The Urban Institute Press.

Shobba, S., O'Fallon, L. e A. Dearry (2003). Creare comunità sane, case sane, persone sane: Avviare un'agenda di ricerca sull'ambiente costruito e la salute pubblica. *American Journal of Public Health,* 93: 1446-1450.

Silver, C. (1985). La pianificazione dei quartieri in prospettiva storica. *Journal of the American Planning Association, 51*(2): 161 -174.

Simons, R. (1996). Analisi della domanda e dell'offerta di aree industriali dismesse per le città dei Grandi Laghi. Agenzia per la protezione dell'ambiente.

SmartGrowthAmerica (2005). Introduzione alla Smart Growth. In *Smart Growth Shareware*. (2005). [CD-ROM]. Washington, DC: SmartGrowthAmerica.

SmartGrowthAmerica (2006). *I principi della crescita intelligente.* Recuperato il 2 settembre 2006, da www.smartgrowthamerica.org.

Squires, G. (2002). L'espansione urbana e lo sviluppo ineguale dell'America metropolitana   . In G. Squires (a cura di). *L'espansione urbana: Cause, Conseguenze e risposte politiche.* (pp. 1-22). Washington, DC: Urban Institute Press. Stato del Maryland (2006). *Programmi di crescita intelligente.* Recuperato il 22 settembre 2006 da www.op.state.md.us.

Talen, E. (2002). Gli obiettivi sociali del New Urbanism. *Dibattito sulle politiche abitative, 13(3):* 165-185.

Toulan, N. (1994). L'edilizia abitativa come obiettivo della pianificazione statale. Pianificare alla maniera dell'Oregon. Corvallis, OR, Oregon State University Press: 91-120.

Programma di ricerca cooperativa sul transito (2000). I costi dello sprawl. In *Smart Growth Shareware.* (2005). [CD-ROM]. Washington, DC: SmartGrowthAmerica.

Urban Land Institute (1999). Crescita intelligente: Miti e fatti. In *Crescita intelligente*

Condivisibile. (2005). [CD-ROM]. Washington, DC: SmartGrowthAmerica. Ufficio del censimento degli Stati Uniti (1996). Popolazioni residenti negli Stati Uniti: Middle Series, 1996-2050. Washington, DC: Dipartimento del Commercio degli Stati Uniti.

Ufficio contabile generale degli Stati Uniti. (2001). Trasporto di massa: Il Bus Rapid Transit mostra delle promesse. GAO-01-984. Settembre.

Woods and Poole Economics (1999). Fonte completa di dati economici e demografici (CEDDS) Vol. 1. Washington, DC.

Printed by Books on Demand GmbH, Norderstedt / Germany